ATLAS OF WILDLIFE IN SOUTHWEST CHINA

中国西南野生动物图谱

爬行动物卷　REPTILE

朱建国　总主编　饶定齐　主　编

北京出版集团公司
北京出版社

图书在版编目（CIP）数据

中国西南野生动物图谱．爬行动物卷 / 朱建国总主
编；饶定齐主编． — 北京 ： 北京出版社，2020.3
ISBN 978-7-200-14440-6

Ⅰ．①中… Ⅱ．①朱… ②饶… Ⅲ．①野生动物—爬
行纲 — 西南地区 — 图谱 Ⅳ．①Q958.527-64

中国版本图书馆 CIP 数据核字（2018）第 236135 号

中国西南野生动物图谱　爬行动物卷
ZHONGGUO XINAN YESHENG DONGWU TUPU　PAXING DONGWU JUAN

朱建国　总主编

饶定齐　主　编

*

北京出版集团公司
北京出版社 出版
（北京北三环中路 6 号）

邮政编码：100120

网　　址：www.bph.com.cn

北京出版集团公司总发行
新　华　书　店　经　销
北京华联印刷有限公司印刷

*

889 毫米 ×1194 毫米　16 开本　30.75 印张　550 千字
2020 年 3 月第 1 版　2020 年 3 月第 1 次印刷
ISBN 978-7-200-14440-6

定价：498.00 元

如有印装质量问题，由本社负责调换
质量监督电话：010-58572393

中国西南野生动物图谱

主　　任　季维智（中国科学院院士）

副 主 任　李清霞（北京出版集团有限责任公司）

　　　　　朱建国（中国科学院昆明动物研究所）

编　　委　马晓锋（中国科学院昆明动物研究所）

　　　　　饶定齐（中国科学院昆明动物研究所）

　　　　　买国庆（中国科学院动物研究所）

　　　　　张明霞（中国科学院西双版纳热带植物园）

　　　　　刘　可（北京出版集团有限责任公司）

总 主 编　朱建国

副总主编　马晓锋　饶定齐　买国庆

中国西南野生动物图谱　爬行动物卷

主　　编　饶定齐

副 主 编　朱建国　马晓锋

编　　委　（按姓名拼音顺序排列）

　　　　　蔡　波　范　毅　郭克疾　黄　勇

　　　　　辉　洪　刘　硕　刘　宇　王继山

摄　　影（按姓名拼音顺序排列）

蔡　波　陈伟才　范　毅　Gerald Kuchling　何江海

黄勇辉　洪　蒋爱武　李　坚　李仕泽　刘　硕

吕顺清　罗伟雄　马晓锋　彭丽芳　齐　银　饶定齐

孙国政　王英勇　王跃招　吴亚勇　张月云　赵俊军

朱建国

主编简介

朱建国，副研究员、硕士生导师。主要从事保护生物学、生态学和生物多样性信息学研究。将动物及相关调查数据与遥感卫星数据等相结合，开展濒危物种保护与对策研究。围绕中国生物多样性保护热点区域、天然林保护工程、退耕还林工程和自然保护区等方面，开展变化驱动力、保护成效、优先保护或优先恢复区域的对策分析等研究。在 *Conservation Biology*、*Biological Conservation* 等杂志上发表论文 40 余篇，是《中国云南野生动物》《中国云南野生鸟类》等 6 部专著的副主编或编委，《正在消失的美丽 中国濒危动植物寻踪》（动物卷）主编。建立中国动物多样性网上共享主题数据库 20 多个。主编中国数字科技馆中的"数字动物馆""湿地——地球之肾馆"以及中国科普博览中的"动物馆"等。

饶定齐，副研究员，博士。主要从事两栖类和爬行类的分类和系统发育研究，发现并发表了若干新物种和国内新记录，确立了一些类群的系统演化关系，并致力于龟鳖类、壁虎类、髭蟾类、蝾螈类等珍稀濒危两栖类和爬行类物种的保护研究工作。现担任中国动物学会两栖爬行动物学会常务理事、中国动物学会两栖爬行动物学会专业委员会委员、中华人民共和国濒危物种科学委员会协审专家、云南濒危物种科学委员会协审专家、云南省动物学会理事、《亚洲两栖爬行动物学研究》（*Asian Herpetological Research*，简称 AHR）杂志编委。先后主持国家自然科学基金面上项目 9 项，省部级及其他类项目 40 多项。已在多种刊物上发表论文 77 篇，其中以第一或通讯作者身份在国内外核心刊物上发表论文 45 篇，32 篇为 SCI 收录刊物；参与编写《横断山两栖爬行动物》《中国云南野生动物》等专著，共同主编了《云南两栖爬行动物》。

中国大西南地区泛指西藏、四川、云南、重庆、贵州和广西6省（直辖市、自治区），面积约260万km²，约占我国陆地面积的27.1%；人口约2.5亿，约为我国人口总数的18%。在这仅占全球陆地面积不到1.7%的区域内，分布有北热带、南亚热带、中亚热带、北亚热带、高原温带、高原亚寒带等气候类型。从世界最高峰到北部湾海岸线，其间分布有全世界最丰富的山地、高原、峡谷、丘陵、盆地、平原、喀斯特、洞穴等各种复杂的自然地形和地貌，以及大小不等的江河、湖泊、湿地等自然水域类型。区域内分布有青藏高原和云贵高原，包括喜马拉雅山脉、藏北高原、藏南谷地、横断山脉、四川盆地、两广丘陵、云南南部谷地和山地丘陵等特殊地貌；有怒江、澜沧江、长江、珠江四大水系以及沿海诸河、地下河水系，还有成百上千的湖泊、水库及湿地。此区域横跨东洋界和古北界两大生物地理分布区，有我国39个世界地质公园中的7个，34个世界生物圈保护区中的11个，13个世界自然遗产地中的8个，57个国际重要湿地中的11个，474个国家级自然保护区中的102个位于此区域。如此复杂多样和独特的气候、地形地貌和水域湿地等，造就了西南地区拥有从热带到亚寒带的多种生态系统类型和丰富的栖息地类型，产生了全球最为丰富和独特的生物多样性。此区域拥有的陆生脊椎动物物种数占我国物种总数的73%，更有众多特有种仅分布于此。这里还是我国文化多样性最丰富的地区，在我国56个民族中，有36个为此区域的世居民族，不同民族的传统文化和习俗对自然、环境和物种资源的利用都有不同的理念、态度和方式，对自然保护有着深远的影响。这里也是我国社会和经济发展较为落后的区域，在1994年国家认定的全国22个省592个国家级贫困县中，有274个（占46%）在此区域。同时，这里还是发展最为迅速的区域，在2013—2018年这6年间，我国大陆31个省（直辖市、自治区）的GDP增速排名前三的省（直辖市、自治区）基本都出自西南地区。这里一方面拥有丰富、多样而独特的资源本底，另一方面正经历着历史上最快的变化，加上气候变化、外来物种影响等，这一区域的生命支持系统正在遭受前所未有的压力和破坏，同时也受到了国内外的高度关注，在全球36个生物多样性保护热点地区中，我国被列入其中的有3个地区——印缅地区、中国西南山地和喜马拉雅，它们在我国的范围全部位于此区域。

由于独特而显著的区域地质和地理学特征，我国西南地区拥有丰富的动物物种和大量的特有属种，备受全球生物学家、地学家以及社会公众的关注。但因地形地貌复杂、山高林密、交通闭塞、野生动物调查难度大，对此区域野生动物种类、种群、分布和生态等认识依然有差距。近一个世纪以来，特别是在新中国成立后，我国科研工作者为查清动物本底资源，长年累月跋山涉水、栉风沐雨、风餐露宿、不惜血汗，有的甚至献出了宝贵的生命。通过长期系统的调查和研究工作，收集整理了大量的第一手资料，以科学严谨的态度，逐步揭示了我国西南地区动物的基本面貌和演化形成过程。随着科学的不断发展和技术的持续进步，生命科学领域对新理论、新方法、新技术和新手段的探索也从未停止过，人类正从不同层次和不同角度全方位地揭示生命的奥秘，一些传统的基础学科如分类学、生态学的研究方法和手段也在不断进步和发展中。如分子系统学的迅速发展和广泛应用，极大地推动了系统分类学的研究，不断揭示和澄清了生物类群之间的亲缘关系和演化过程。利用红外相机阵列、自动音频记录仪、卫星跟踪器等采集更多的地面和空间数据，通过高通量条形码技术对动物、环境等混合 DNA 样本进行分子生态学分析，应用遥感和地理信息系统空间分析、物种分布模型、专家模型、种群遗传分析、景观分析等技术，解析物种或种群景观特征、栖息地变化、人类活动变化、气候变化等因素对物种特别是珍稀濒危种的分布格局、生境需求与生态阈值、生存与繁衍、种群动态、行为适应模式和遗传多样性的影响，对物种及其生境进行长期有效的监测、管理和保护。

　　生命科学以其特有的丰富多彩而成为大众及媒体关注的热点之一，强烈地吸引着社会公众。动物学家和自然摄影师忍受常人难以想象的艰辛，带着对自然的敬畏，拍摄记录了野生动物及其栖息地现状的珍贵影像资料，用影像语言展示生态魅力、生态故事和生态文明建设成果，成为人们了解、认识多姿多彩的野生动物及其栖息地，了解美丽中国丰富多彩的生物多样性的重要途径。本书集中反映了我国几代动物学家对我国西南地区动物物种多样性研究的成果，在分类系统和物种分类方面采纳或采用了国内外的最新研究成果，以图文并茂的方式，系统描绘和展示了我国西南地区约 2000 种野生动物在自然状态下的真实色彩、生存环境和行为状态，其中很多画面是常人很难亲眼看到的，有许多物种，尤其是本书发表的 10 余个新种是第一次以彩色照片的形式向世人展露其神秘的真容；由于环境的改变和人为破坏，少数照片因物种趋于濒危或灭绝而愈显珍贵，可能已成为某些物种的"遗照"或孤版。本书兼具科研参考价值和科普价值，对于传播科学知识、提高公众对动物多样性的理解和保护意识，唤起全社会公众对野生动物保护的关注，吸引更多的人投身于野生动物科研和保护都具有重要而特殊的意义。在此，我谨对本丛书的作者和编辑们的努力表示敬意，对他们取得的成果表示祝贺，并希望他们能不断创新，获得更大的成绩。

中国科学院院士

2019 年 9 月于昆明

前 言

中国大西南地区泛指西藏、四川、云南、重庆、贵州和广西6省（直辖市、自治区），其中广西通常被归于华南地区，本书之所以将其纳入西南地区：一是因为广西与云南、贵州紧密相连，其西北部也是云贵高原的一部分；二是从地形来看，广西地处云贵高原与华南沿海的过渡区，是云南南部热带地区与海南热带地区的过渡带；三是从动物组成来看，广西西部、北部与云南和贵州的物种关系紧密，动物通过珠江水系与贵州、云南进行迁徙和交流，物种区系与传统的西南可视为一个整体。由此6省（直辖市、自治区）组成的西南区域面积约 260 万 km²，约占我国陆地面积的 27.1%；人口约 2.5 亿，约为我国人口总数的 18%。此区域北与新疆、青海、甘肃和陕西互连，东与湖北、湖南和广东相邻，西部与印度、尼泊尔、不丹交界，南部与缅甸、老挝和越南接壤。

一、复杂多姿的地形地貌

在这片仅占我国陆地面积 27.1%，占全球陆地面积不到 1.7% 的区域内，有从北热带到高原亚寒带等多种气候类型；从世界最高峰到北部湾的海岸线，其间分布有青藏高原和云贵高原，包括喜马拉雅山脉、藏北高原、藏南谷地、横断山脉、四川盆地、两广丘陵、云南南部谷地和山地丘陵等特殊地貌；境内有怒江、澜沧江、长江、珠江四大水系，沿海诸河以及地下河水系，还有数以千计的湖泊、湿地等自然水域类型。

1. 气势恢宏的山脉

我国西南地区从西部的青藏高原到东南部的沿海海滨，地形呈梯级式分布，从最高的珠穆朗玛峰一直到海平面，相对高差达 8844m。西藏拥有

11

全世界 14 座最高峰（海拔 8000 m 以上）中的 7 座，从北向南主要有昆仑山脉、喀喇昆仑山—唐古拉山脉、冈底斯—念青唐古拉山脉和喜马拉雅山脉。昆仑山脉位于青藏高原北部，全长达 2500 km，宽约 150 km，主体海拔 5500 ~ 6000 m，有"亚洲脊柱"之称，是我国永久积雪与现代冰川最集中的地区之一，有大小冰川近千条。喀喇昆仑山脉耸立于青藏高原西北侧，主体海拔 6000 m；唐古拉山脉横卧青藏高原中部，主体部分海拔 6000 m，相对高差多在 500 m，是长江的发源地。冈底斯—念青唐古拉山脉横亘在西藏中部，全长约 1600 km，宽约 80 km，主体海拔 5800 ~ 6000 m，超过 6000 m 的山峰有 25 座，雪盖面积大，遍布山谷冰川和冰斗冰川。喜马拉雅山脉蜿蜒在青藏高原南缘的中国与印度、尼泊尔交界线附近，被称为"世界屋脊"，由许多平行的山脉组成，其主要部分长 2400 km，宽 200 ~ 300 km，主体海拔在 6000 m 以上。

横断山脉位于青藏高原之东的四川、云南、西藏三省（自治区）交界，由一系列南北走向的山岭和山谷组成，北部山岭海拔 5000 m 左右，南部降至 4000 m 左右，谷地自北向南则明显加深，山岭与河谷的高差达 1000 ~ 4000 m。在此区域耸立着主体海拔 2000 ~ 3000 m 的苍山、无量山、哀牢山，以及轿子山等。

滇东南的大围山等山脉，海拔高度已降至 2000 m 左右，与缅甸、老挝、越南交界地区大多都在海拔 1000 m 以下。云南东北部的乌蒙山最高峰海拔 4040 m，至贵州境内海拔降至 2900 m，为贵州省最高点；贵州北部有大娄山，南部有苗岭，东北有武陵山，由湖南蜿蜒进入贵州和重庆；重庆地处四川盆地东部，其北部、东部及南部分别有大巴山、巫山、武陵山、大娄山等环绕。广西地处云贵高原东南边缘，位于两广丘陵西部，南临北部湾海面，中部和南部多丘陵平地，呈盆地状，有"广西盆地"之称；广西的山脉分为盆地边缘山脉和盆地内部山脉两类，以海拔800m以上的中山为主，海拔400～800m的低山次之。

2. 奔腾咆哮的江河

许多江河源于青藏高原或云南高原。雅鲁藏布江、伊洛瓦底江和怒江为印度洋水系。澜沧江、长江、元江和珠江，加上四川西北部的黄河支流白河、黑河为太平洋水系，分别注入东海、南海或渤海。在西藏还有许多注入本地湖泊的内流河水系；广西南部还有独自注入北部湾的独流水系。

雅鲁藏布江发源于西藏南部喜马拉雅山脉北麓的杰马央宗冰川，由西向东横贯西藏南部，是世界上海拔最高的大河，流经印度、孟加拉国，与恒河相汇后注入孟加拉湾。伊洛瓦底江的东源头在西藏察隅附近，流入云南后称独龙江，向西流入缅甸，与发源于缅甸北部山区的西源头迈立开江汇合后始称伊洛瓦底江；位于云南西部的大盈江、龙川江也是其支流，最后在缅甸注入印度洋的缅甸海。怒江发源于西藏唐古拉山脉吉热格帕峰南麓，流经西藏东部和云南西北部，进入缅甸后称萨尔温江，最后注入印度洋缅甸海。澜沧江发源于我国青海省南部的唐古拉山脉北麓，流经西藏东部、云南，到缅甸后称为湄公河，继续流经老挝、泰国、柬埔寨和越南后注入太平洋南海。长江发源于青藏高原，其干流流经本区的西藏、四川、云南、重庆，最后注入东海，其数百条支流辐辏我国南北，包括本区的贵州和广西。四川西北部的白河、黑河由南向北注入黄河水系。元江发源于云南大理白族自治州巍山彝族回族自治县，并有支流流经广西，进入越南后称红河，最后流入北部湾。南盘江是珠江上游，发源于云南，流经本区的贵州、广西后，由广东流入南海。广西南部地区的独流入海水系指独自注入北部湾的河流。

西南地区的大部分河流山区性特征明显，江河的落差都很大，上游河谷开阔、水流平缓、水量小，中游河谷束放相间、水流湍急；下游河谷深切狭窄、水量大、水力资源丰富。如金沙江的三峡以及怒江有"一滩接一滩，一滩高十丈"和"水无不怒石，山有欲飞峰"之说。有的江河形成壮观的瀑布，如云南的大叠水瀑布、三潭瀑布群、多依河瀑布群，广西的德天瀑布等。我国西南地区被纵横交错、大大小小的江河水系分隔成众多的、差异显著的条块，有利于野生动物生存和繁衍生息。

3. 高原珍珠——湖泊与湿地

西藏有上千个星罗棋布的湖泊，其中湖面面积大于 1000 km² 的有 3 个，1 ~ 1000 km² 的有 609 个；云南有 30 多个大大小小的与江河相通的湖泊，西藏和云南的湖泊大多为海拔较高的高原湖泊。贵州有 31 个湖泊，广西主要的湖泊有南湖、榕湖、东湖、灵水、八仙湖、经萝湖、大龙潭、苏关塘和连镜湖等。众多的湖泊和湖周的沼泽深浅不一，有丰富的水生植物和浮游生物，为水禽和湖泊鱼类提供了优良的食物条件和生存环境，这是这一地区物种繁多的重要原因。

二、纷繁的动物地理区系

在地球的演变过程中，我国西南地区曾发生过大陆分裂和合并、漂移和碰撞，引发地壳隆升、高原抬升、河流和湖泊形成，以及大气环流改变等各种地质和气候事件。由于印度板块与欧亚板块的碰撞和相对位移，青藏高原、云贵高原抬升，形成了众多巨大的山系和峡谷，并产生了东西坡、山脉高差等自然分隔，既有纬度、经度变化，又有垂直高度变化，引起了气候变化，并导致了植被类型的改变。受植被分化影响，原本可能是连续分布的动物居群在水平方向上（经度、纬度）或垂直方向上（海拔）被分隔开，出现地理隔离和生态隔离现象，动物种群间彼此不能进行"基因"交流，在此情况下，动物面临生存的选择，要么适应新变化，在形态、生理和遗传等方面都发生改变，衍生出新的物种或类群；要么因不能适应新环境而灭绝。

中国在世界动物地理区划中共分为 2 界、3 亚界、7 区、19 亚区，西南地区涵盖了其中的 2 界、2 亚界、4 区、7 亚区（表 1）。

1. 青藏区

青藏区包括西藏、四川西北部高原，分为羌塘高原亚区和青海藏南亚区。

羌塘高原亚区：位于西藏西北部，又称藏北高原或羌塘高原，总体海拔 4500 ～ 5000 m，每年有半年冰雪封冻期，长冬无夏，植物生长期短，植被多为高山草甸、草原、灌丛和寒漠带，有许多大小不等的湖泊。动物区系贫乏，少数适应高寒条件的种类为优势种。兽类中食肉类的代表是香鼬，数量较多的有野牦牛、藏野驴、藏原羚、藏羚、岩羊、西藏盘羊等有蹄类，啮齿

表1　中国西南动物地理区划

界 / 亚界	区	亚区	动物群
古北界 / 中亚亚界	青藏区	羌塘高原亚区	羌塘高地寒漠动物群
			昆仑高山寒漠动物群
			高原湖盆山地草原、草甸动物群
		青海藏南亚区	藏南高原谷地灌丛草甸、草原动物群
			青藏高原东部高地森林草原动物群
东洋界 / 中印亚界	西南区	喜马拉雅亚区	西部热带山地森林动物群
			察隅—贡山热带山地森林动物群
		西南山地亚区	东北部亚热带山地森林动物群
			横断山脉热带—亚热带山地森林动物群
			云南高原林灌、农田动物群
	华中区	西部山地高原亚区	四川盆地亚热带林灌、农田动物群
			贵州高原亚热带常绿阔叶林灌、农田动物群
			黔桂低山丘陵亚热带林灌、农田动物群
	华南区	闽广沿海亚区	沿海低丘地热带农田、林灌动物群
			滇桂丘陵山地热带常绿阔叶林灌、农田动物群
		滇南山地亚区	滇西南热带—亚热带山地森林动物群
			滇南热带森林动物群

类则以高原鼠兔、灰尾兔、喜马拉雅旱獭和其他小型鼠类为主。鸟类代表是
地山雀、棕背雪雀、白腰雪雀、藏雪鸡、西藏毛腿沙鸡、漠鹏、红嘴山鸦、
黄嘴山鸦、胡兀鹫、岩鸽、雪鸽、黑颈鹤、棕头鸥、斑头雁、赤麻鸭、秋沙
鸭和普通燕鸥等。这里几乎没有两栖类，爬行类只有红尾沙蜥、西藏沙蜥等
少数几种。

青海藏南亚区：系西藏昌都地区，喜马拉雅山脉中段、东段的高山带以及北麓的雅鲁藏布江谷地，主体海拔 6000m，有大面积的冻原和永久冰雪带，气候干寒，垂直变化明显，除在东南部有高山针叶林外，主要是高山草甸和灌丛。兽类以啮齿类和有蹄类为主，如鼠兔、中华鼢鼠、白唇鹿、马鹿、麝、狍等，猕猴在此达到其分布的最高海拔（3700 ~ 4200m）。高山森林和草原中鸟类混杂，有不少喜马拉雅—横断山区鸟类或只见于本亚区局部地区的鸟类，如血雉、白马鸡、环颈雉、红腹角雉、绿尾虹雉、红喉雉鹑、黑头金翅雀、雪鸽、藏雀、朱鹀、藏鸥、黑头噪鸦、灰腹噪鹛、棕草鹛、红腹旋木雀等。爬行类中有青海沙蜥、西藏沙蜥、拉萨岩蜥、喜山岩蜥、拉达克滑蜥、高原蝮、西藏喜山蝮和温泉蛇等，但通常数量稀少。两栖类以高原物种为特色，倭蛙属、齿突蟾属物种为此区域的优势种，常见的还有山溪鲵和几种蟾蜍、异角蟾、湍蛙等。

2. 西南区

西南区包括四川西部山区、云贵高原以及西藏东南缘，以高原山地为主体，从北向南逐渐形成高山深谷和山岭纵横、山河并列的横断山系，主体海拔1000 ~ 4000m，最高的贡嘎山山峰高达 7556m；在云南西部，谷底至山峰的高差可达 3000m 以上。分为喜马拉雅亚区和西南山地亚区。

喜马拉雅亚区：其中的喜马拉雅山南坡及波密—察隅针叶林带以下的山区自然垂直变化剧烈，植被也随海拔高度变化而呈现梯度变化，有高山灌丛、草甸、寒漠冰雪带（海拔 4200m 以上），山地寒温带暗针叶林带（海拔3800 ~ 4200m），山地暖温带针阔叶混交林带（海拔 2300 ~ 3800m)，山地亚热带常绿阔叶林带（海拔 1100 ~ 2300m)，低山热带雨林带（海拔 1100m 以下）；自阔叶林带以下属于热带气候。

　　藏东南高山区的动物偏重于古北界成分，种类贫乏；低山带以东洋界种类占优势，分布狭窄的土著种较丰富。由于雅鲁藏布江伸入到喜马拉雅山主脉北翼，在大拐弯区形成的水汽通道成为东洋界动物成分向北伸延的豁口，亚热带阔叶林、山地常绿阔叶带以东洋界成分较多，东洋界与古北界成分沿山地暗针叶林上缘相互交错。兽类的代表物种有不丹羚牛、小熊猫、麝、塔尔羊、灰尾兔、灰鼠兔；鸟类的代表有红胸角雉、灰腹角雉、棕尾虹雉、褐喉旋木雀、火尾太阳鸟、绿背山雀、杂色噪鹛、红眉朱雀、红头灰雀等；爬行类有南亚岩蜥、喜山小头蛇、喜山钝头蛇；两栖类以角蟾科和树蛙科物种占优，特有种如喜山蟾蜍、齿突蟾属部分物种和舌突蛙属物种。

　　西南山地亚区：主要指横断山脉。总体海拔 2000 ~ 3000m，分属于亚热带湿润气候和热带—亚热带高原型湿润季风气候。植被类型主要有高山草甸、亚高山灌丛草甸，以铁杉、槭和桦为标志的针阔叶混交林—云杉林—冷杉林，亚热带山地常绿阔叶林。横断山区不仅是很多物种的分化演替中心，而且也是北方物种向南扩展、南方物种向北延伸的通道，这种相互渗透的南北区系成分，造就了复杂的动物区系和物种组成。

　　兽类南方型和北方型交错分布明显，北方种类分布偏高海拔带，南方种类分布偏低海拔带。分布在高山和亚高山的代表性物种有滇金丝猴、黑麝、羚牛、小熊猫、大熊猫、灰颈鼠兔等；猕猴、短尾猴、藏酋猴、西黑冠长臂猿、穿山甲、狼、豺、赤狐、貉、黑熊、大灵猫、小灵猫、果子狸、野猪、赤麂、水鹿、北树鼩。有多种菊头蝠和蹄蝠等广泛分布在本亚区；本亚区还是许多食虫类动物的分布中心。

　　繁殖鸟和留鸟以喜马拉雅—横断山区的成分比重较大，且很多为特有种；冬候鸟则以北方类型为主。分布于亚高山的有藏雪鸡、黄喉雉鹑、血雉、红胸角雉、红腹角雉、白尾梢虹雉、绿尾虹雉、藏马鸡、白马鸡以及白尾鹞、燕隼等。黑颈长尾雉、白腹锦鸡、环颈雉栖息于常绿阔叶林、针阔叶混交林及落叶林或林缘山坡草灌丛中。绿孔雀主要分布在滇中、滇西的常绿阔叶林、落叶松林针阔叶混交林和稀树草坡环境中。灰鹤、黑颈鹤、黑鹳、白琵鹭、大天鹅，以及鸳鸯、秋沙鸭等多种雁鸭类冬天到本亚区越冬，喜在湖泊周边湿地、沼泽以及农田周边觅食。

　　两栖和爬行动物几乎全属横断山型，只有少数南方类型在低山带分布，土著种多。爬行类代表有在山溪中生活的平胸龟、云南闭壳龟、黄喉拟水龟；在树上、地上生活的丽棘蜥、裸耳龙蜥、云南龙蜥、白唇树蜥；在草丛中生活的昆明龙蜥、山滑蜥；在雪线附近生活的雪山蝮、高原蝮；在土壤中穴居生活的云南两头蛇、白环链蛇、紫灰蛇、颈棱蛇；营半水栖生活的八线腹链蛇，生活在稀树灌丛或农田附近的红脖颈槽蛇、银环蛇、金花蛇、中华珊瑚蛇、眼镜蛇、白头蝰、美姑脊蛇、白唇竹叶青、方花蛇等。我国特有的无尾目 4 个属均集中分布在横断山区，山溪鲵、贡山齿突蟾、刺胸齿突蟾、胫腺蛙、腹斑倭蛙等生活在海拔 3000m 以上的地下泉水出口处或附近的水草丛中；大蹼铃蟾、哀牢髭蟾、筠连臭蛙、花棘蛙、棘肛蛙、棕点湍蛙、金江湍蛙等常生活在常绿阔叶林下的小山溪或溪旁潮湿的石块下，或苔藓、地衣覆盖较好的环境中或树洞中。

3. 华中区

西南地区只涉及华中区的西部山地高原亚区，主要包括秦岭、淮阳山地、四川盆地、云贵高原东部和南岭山地。地势西高东低，山区海拔一般为500～1500m，最高可超过3000m。从北向南分别属于温带—亚热带、湿润—半湿润季风气候和亚热带湿润季风气候。植被以次生阔叶林、针阔叶混交林和灌丛为主。

西部山地高原亚区：北部秦巴山的低山带以华北区动物为主，高山针叶林带以上则以古北界动物为主，南部贵州高原倾向于华南区动物，四川盆地由于天然森林为农耕及次生林灌取代，动物贫乏。典型的林栖动物保留在大巴山、金佛山、梵净山、雷山等山区森林中，如猕猴、藏酋猴、川金丝猴、黔金丝猴、黑叶猴、林麝等；营地栖生活的赤腹松鼠、长吻松鼠、花松鼠为许多地区的优势种；岩栖的岩松鼠是林区常见种；毛冠鹿生活于较偏僻的山区；小麂、赤麂、野猪、帚尾豪猪、北树鼩、三叶蹄蝠、斑林狸、中国鼩猬、华南兔较适应次生林灌环境；平原农耕地区常见的是鼠类，如褐家鼠、小家鼠、黑线姬鼠、高山姬鼠、黄胸鼠、针毛鼠或大足鼠、中华竹鼠。本亚区代表性鸟类有灰卷尾、灰背伯劳、噪鹃、大嘴乌鸦、灰头鸦雀、红腹锦鸡、灰胸竹鸡、白领凤鹛、白颊噪鹛等；贵州草海是重要的水禽、涉禽和其他鸟类，如黑颈鹤等的栖息地或越冬地。爬行动物主要有铜蜓蜥、北草蜥、虎斑颈槽蛇、乌华游蛇、黑眉晨蛇、乌梢蛇、王锦蛇、玉斑蛇、紫灰蛇等。本亚区两栖动物以蛙科物种为主，角蟾科次之，是有尾类大鲵属、小鲵属、肥鲵属和拟小鲵属的主要分布区。

20

4. 华南区

本书涉及的华南区大约为北纬 25°以南的云南、广西及其沿海地区。以山地、丘陵为主，还分布有平原和山间盆地。除河谷和沿海平原外，海拔多为 500 ～ 1000 m。是我国的高温多雨区，主要植被是季雨林、山地雨林、竹林，以及次生林、灌丛和草地。可分为闽广沿海亚区和滇南山地亚区。

闽广沿海亚区：在本书范围内系指广西南部，属亚热带湿润季风气候。地形主要是丘陵以及沿河、沿海的冲积平原。本亚区每年冬季有大量来自北方的冬候鸟，是我国冬候鸟种类最多的地区；其他代表性鸟类有褐胸山鹧鸪、棕背伯劳、褐翅鸦鹃、小鸦鹃、叉尾太阳鸟、灰喉山椒鸟等。爬行类与两栖类区系组成整体上是华南区与华中区的共有成分，以热带成分为标志，如爬行类有截趾虎、原尾蜥虎、斑飞蜥、变色树蜥、长鬣蜥、长尾南蜥、鳄蜥、古氏草蜥、黑头剑蛇、金花蛇、泰国圆斑蝰等，两栖类有尖舌浮蛙、花狭口蛙、红吸盘棱皮树蛙、小口拟角蟾、瑶山树蛙、广西拟髭蟾、金秀纤树蛙、广西瘰螈等。

滇南山地亚区：包括云南西部和南部，是横断山脉的南延部分，高山峡谷已和缓，有不少宽谷盆地出现，属于亚热带—热带高原型湿润季风气候。植被类型主要为常绿阔叶季雨林，有些低谷为稀树草原，本亚区与中南半岛毗连，栖息条件优越。

本亚区南部东洋型动物成分丰富，兽类和繁殖鸟中有一些属喜马拉雅—横断山区成分，但冬候鸟则以北方成分为主。一些典型的热带物种，如兽类中的蜂猴、东黑冠长臂猿、亚洲象、鼷鹿，鸟类中的鹦鹉、蛙口夜鹰、犀鸟、阔嘴鸟等，其分布范围大都以本亚区为北限。热带森林中，优越的栖息条件导致动物优势种类现象不明显，在一定的区域环境内，往往栖息着许多习性相似的种类。食物丰富则有利于一些狭食性和专食性动物，如热带森林中嗜食白蚁的穿山甲，专食竹类和山姜子根茎的竹鼠，以果类特别是榕树果实为食的绿鸠、犀鸟、拟啄木鸟、鹎、啄花鸟和太阳鸟等，以及以蜂类为食的蜂虎。我国其他地方普遍存在的动物活动的季节性变化在本亚区并不明显。

兽类有许多适应于热带森林的物种，如林栖的中国毛猬、东黑冠长臂猿、北白颊长臂猿、倭蜂猴、马来熊、大斑灵猫、亚洲象；在雨林中生活，也会到次生林和稀树草坡休息的印度野牛、水鹿；热带丘陵草灌丛中的小鼷鹿；洞栖的蝙蝠类；热带竹林中的竹鼠等。鸟类的热带物种代表之一是大型鸟类，如栖息在大型乔木上的犀鸟，喜在林缘、次生林及水域附近活动的红原鸡、灰孔雀雉、绿孔雀、水雉；中小型代表鸟类有绿皇鸠、山皇鸠、灰林鸽、黄胸织雀、长尾阔嘴鸟、蓝八色鸫、绿胸八色鸫、厚嘴啄花鸟、黄腰太阳鸟等。喜湿的热带爬行动物非常丰富，陆栖型的如凹甲陆龟、锯缘摄龟；在林下山溪或小河中的山瑞鳖，在大型江河中的鼋；喜欢在村舍房屋缝隙或树洞中生活的壁虎科物种；草灌中的长尾南蜥、多线南蜥；树栖的斑飞蜥、过树蛇；穴居的圆鼻巨蜥、伊江巨蜥、蟒蛇；松软土壤里的闪鳞蛇、大盲蛇；喜欢靠近水源的金环蛇、银环蛇、眼镜蛇、丽纹腹链蛇。本区两栖动物繁多，树蛙科和姬蛙科属种尤为丰富。较典型的代表有生活在雨林下山溪附近的版纳鱼螈、滇南臭蛙、版纳大头蛙、勐养湍蛙。树蛙科物种常见于雨林中的树上、林下灌丛、芭蕉林中，有喜欢在静水水域的姬蛙科物种以及虎纹蛙、版纳水蛙、黑斜线水蛙、黑带水蛙，还有体形特别小的圆蟾浮蛙、尖舌浮蛙等。

三、特点突出的野生动物资源

西南地区由于地理位置特殊、海拔高差巨大、地形地貌复杂，从而形成了从热带直到寒带的多种气候类型，以及相应的复杂而丰富多彩的生境类型，不但让各类动物找到了相适应的环境条件，也孕育了多姿多彩的动物物种多样性和种群结构的特殊性。

1. 物种多样性丰富

我国西南地区的垂直变化从海平面到海拔 8844 m，巨大的海拔高差导致了巨大的气候、植被和栖息地类型变化，从常绿阔叶林到冰川冻原，不同海拔高度的生境类型多呈镶嵌式分布，形成了可孕育丰富多彩的野生动物多样性的环境。世界动物地理区划的东洋界和古北界的分界线正好穿过我国西南地区，两界的动物成分在水平方向和海拔垂直高度两个维度上相互交错和渗透。西南地区成为我国乃至全世界在目、科、属、种及亚种各分类阶元分化和数量都最为丰富的区域。从表 2 可看到，虽然西南地区只占我国陆地面积的 27%，但所分布的已知脊椎动物物种数却占了全国物种总数的 73.4%。

在哺乳动物方面，根据蒋志刚等《中国哺乳动物多样性（第 2 版）》（2017）和《中国哺乳动物多样性及地理分布》（2015）以及其他文献统计，中国已记录哺乳动物 13 目 56 科 251 属 698 种；其中有 12 目 43 科 176 属 452 种分布在西南 6 省（直辖市、自治区），依次分别占全国的 92%、77%、70% 和 65%。在鸟类方面，根据郑光美等《中国鸟类分类与分布名录（第 3 版）》（2017）以及其他文献统计，中国已记录鸟类 26 目 109 科 504 属 1474 种；其中有 25 目 104 科 450 属 1182 种分布在西南地区，依次分别占

表 2　中国西南脊椎动物物种数统计

	哺乳类	鸟类	爬行类	两栖类	合计	占比 (%)
云南	313	952	215	175	1655	52.0
四川	235	690	103	102	1130	35.5
广西	151	633	176	112	1072	33.7
西藏	183	619	79	63	944	29.6
贵州	153	488	102	86	829	26.0
重庆	109	376	41	47	573	18.0
西南	452	1182	350	354	2338	73.4
全国	698	1474	505	507	3184	/

全国的 96%、95%、89% 和 80%。在爬行类方面，根据蔡波等《中国爬行纲动物分类厘定》（2015）和其他文献统计，中国爬行动物已有 3 目 30 科 138 属 505 种，其中 2 目 24 科 108 属 350 种分布在西南地区，依次分别占全国的 67%、80%、78% 和 69%。在两栖类方面，截止到 2019 年 7 月，中国两栖类网站共记录中国两栖动物 3 目 13 科 61 属 507 种，其中有 3 目 13 科 51 属 354 种分布在西南地区，依次分别占全国的 100%、100%、84% 和 70%。我国 34 个省（直辖市、自治区）中，分布于云南、四川和广西的脊椎动物种类是最多的。

2. 特有类群多

由于西南地区自然环境复杂，地形差异大，气候和植被类型多样，地理隔离明显，孕育并发展了丰富的动物资源，其中许多是西南地区特有的。在已记录的 3184 种中国脊椎动物中，在中国境内仅分布于西南地区 6 省（直辖市、自治区）的有 932 种（29.3%）。在已记录的 786 种中国特有种（特有比例 24.7%）中，488 种（62.1%）在西南地区有分布，其中 301 种（38.3%）仅分布在西南地区。两栖类的中国特有种比例高达 49.5%，并且其中的 47.7% 仅分布在西南地区（表 3）。

表 3　中国脊椎动物（未含鱼类）特有种及其在西南地区的分布

中国物种数	在中国仅分布于西南地区的物种数及百分比（%）	中国特有种数及百分比（%）	中国特有种	
			在西南地区有分布的物种数及百分比（%）	仅分布于西南地区的物种数及百分比（%）
哺乳类 698	201（28.8）	154（22.1）	104（67.5）	53（34.4）
鸟类 1474	316（21.4）	104（7.1）	55（59.6）	10（10.6）
爬行类 505	164（32.5）	174（34.5）	99（56.9）	69（39.7）
两栖类 507	251（49.5）	354（69.8）	230（65.0）	169（47.7）
合计 3184	932（29.3）	786（24.7）	488（62.1）	301（38.3）

在哺乳类中，长鼻目、攀鼩目、鳞甲目，以及鞘尾蝠科、假吸血蝠科、蹄蝠科、熊科、大熊猫科、小熊猫科、灵猫科、獴科、猫科、猪科、鼷鹿科、刺山鼠科、豪猪科在我国分布的物种全部或主要分布于西南地区；我国灵长目 29 个物种中的 27 个、犬科 8 个物种中的 7 个都主要分布于西南地区。全球仅在我国西南地区分布的受威胁物种有：黔金丝猴（CR）、贡山麂（CR）、滇金丝猴（EN）、四川毛尾睡鼠（EN）、峨眉鼩鼹（VU）、宽齿鼹（VU）、四川羚牛（VU）、黑鼠兔（VU）。

在鸟类中，蛙口夜鹰科、凤头雨燕科、咬鹃科、犀鸟科、鹦鹉科、八色鸫科、阔嘴鸟科、黄鹂科、翠鸟科、卷尾科、王鹟科、玉鹟科、燕鸥科、钩嘴鹀科、雀鹛科、扇尾莺科、鹎科、河乌科、太平鸟科、叶鹎科、啄花鸟科、花蜜鸟科、织雀科在我国分布的物种全部或主要分布于西南地区。全球仅在我国西南地区分布的受威胁物种有：四川山鹧鸪（EN）、弄岗穗鹛（EN）、暗色鸦雀（VU）、金额雀鹛（VU）、白点噪鹛（VU）、灰胸薮鹛（VU）、滇鹛（VU）。

在爬行类中，裸趾虎属、龙蜥属、攀蜥属、树蜥属、拟树蜥属、喜山腹链蛇属和温泉蛇属在我国分布的物种全部或主要分布在西南地区。全球仅在我国西南地区分布的受威胁物种有：百色闭壳龟（CR）、云南闭壳龟（CR）、四川温泉蛇（CR）、温泉蛇（CR）、香格里拉温泉蛇（CR）、横纹玉斑蛇（EN）、荔波睑虎（EN）、瓦屋山腹链蛇（EN）、墨脱树蜥（VU）、云南两头蛇（VU）。

在两栖类中，拟小鲵属、山溪鲵属、齿蟾属、拟角蟾属、舌突蛙属、小跳蛙属、费树蛙属、小树蛙属、灌树蛙属和棱鼻树蛙属在我国分布的物种全部或主要分布在西南地区。全球仅在我国西南地区分布的极危物种（CR）有：金佛拟小鲵、普雄拟小鲵、呈贡蝾螈、凉北齿蟾、花齿突蟾；濒危物种（EN）有：猫儿山小鲵、宽阔水拟小鲵、水城拟小鲵、织金瘰螈、普雄齿蟾、金顶齿突蟾、木里齿突蟾、峨眉髭蟾、广西拟髭蟾、原髭蟾、高山掌突蟾、抱龙异角蟾、墨脱异角蟾、花棘蛙、双团棘胸蛙、棘肛蛙、峰斑林蛙、老山树蛙、巫溪树蛙、洪佛树蛙、瑶山树蛙；此外还有 43 个易危物种（VU）。

3. 受威胁和受关注物种多

虽然西南地区的动物物种多样性非常丰富，但每个物种的丰富度相差极大，大多数物种的生存环境较为脆弱，种群数量偏少、密度较低。加上近年来人类活动的干扰强度不断加大，栖息地遭到不同程度的破坏而丧失或质量下降，导致部分物种濒危甚至面临灭绝的危险。从表 4 统计的中国脊椎动物红色名录评估结果来看，我国陆生脊椎动物的受威胁物种（极危 + 濒危 + 易危）占全部物种的 19.8%，受关注物种（极危 + 濒危 + 易危 + 近危 + 数据缺乏）占全部物种的 45.9%，研究不足或缺乏了解物种（数据缺乏 + 未评估）占全部物种的 19.5%；西南地区与全国的情况相近，无明显差别。从不同类群来看，两栖类的受威胁物种比例最高（35.6%），其次是哺乳类（27.7%）和爬行类（24.3%）。

表 4　中国西南脊椎动物（未含鱼类）红色名录评估结果统计

	哺乳类		鸟类		爬行类		两栖类		合计	
	全国	西南	全国	西南	全国	西南	全国	西南	全国	西南
灭绝（EX）	0	0	0	0	0	0	1	1	1	1
野外灭绝（EW）	3	1	0	0	0	0	0	0	3	1
地区灭绝（RE）	3	3	3	1	0	0	1	0	7	4
极危（CR）	55	37	14	9	35	24	13	7	117	77
濒危（EN）	52	36	51	39	37	26	47	30	187	131
易危（VU）	66	52	80	69	65	35	117	89	328	245
近危（NT）	150	105	190	159	78	52	76	54	494	370
无危（LC）	256	155	886	759	177	133	108	79	1427	1126
数据缺乏（DD）	70	32	150	80	66	45	51	40	337	197
未评估（NE）	43	31	100	66	47	35	93	54	283	186
合计	698	452	1474	1182	505	350	507	354	3184	2338
受威胁物种 (%)*	24.8	27.7	9.8	9.9	27.1	24.3	34.9	35.6	19.8	19.4
受关注物种 (%)**	56.3	58.0	32.9	30.1	55.6	52.0	60.0	62.1	45.9	43.6
缺乏了解物种 (%)***	16.2	13.9	17.0	12.4	22.4	22.9	28.4	26.6	19.5	16.4

注：* 指极危、濒危和易危物种的合计；** 指极危、濒危、易危、近危和数据缺乏物种的合计；
　　*** 指数据缺乏和未评估物种的合计。

4. 重要的候鸟迁徙通道和越冬地

全球八大鸟类迁徙路线中，有两条贯穿我国西南地区。一是中亚迁徙路线的中段偏东地带，在俄罗斯中西部及西伯利亚西部、蒙古国，以及我国内蒙古东部和中部草原、陕西地区繁殖的候鸟，秋季时飞过大巴山、秦岭等山脉，穿越四川盆地，经云贵高原的横断山脉向南，有些则飞越喜马拉雅山脉、唐古拉山脉、巴颜喀拉山脉和祁连山脉向南，然后在我国青藏高原南部、云贵高原，或南亚次大陆越冬。这条路线跨越许多海拔 5000 ~ 8000m 的高山，是全球海拔最高的迁徙线路。二是西亚—东非迁徙路线的中段偏东地带，东起内蒙古和甘肃西部以及新疆大部分地区，沿昆仑山脉向西南进入西亚和中东地区，有些则飞越青藏高原后进入南亚次大陆越冬，还有部分鸟类继续飞跃印度洋至非洲越冬。

我国西南地区不仅是候鸟迁飞的重要通道和中间停歇地，也是许多鸟类的重要越冬地，西南地区记录的 41 种雁形目鸟类中，有 30 多种是每年从北方飞来越冬的冬候鸟。在西藏等地区，除可以看到长途迁徙的大量候鸟外，还有像黑颈鹤那样，春季在青藏高原的高海拔地区繁殖，秋季迁徙到距离不远的低海拔河谷地区避寒越冬的种类，形成独特的区内迁徙。

四、生物多样性保护的全球热点

西南地区是我国少数民族的主要聚居地，各民族都有自己悠久的历史和丰富多彩的文化，在不同的生活环境和条件下，不同民族创造并以适合自己的方式繁衍生息。在长期的生活和生产活动中，许多民族逐渐认识并与自然和动物建立了紧密联系，产生了朴素的自然保护意识。如藏族人将鹤类，以及胡兀鹫、秃鹫、高山兀鹫等猛禽奉为"神鸟"；傣族人把孔雀和鹤，阿昌人把白腹锦鸡，白族人把鹤敬为"神鸟"而加以保护。但由于西南地区山高谷深、交通闭塞、生产力低下，直到20世纪中后期，仍有边疆少数民族依靠采集野生植物和猎捕鸟兽来维持生计，野生动物是其食物蛋白的重要来源或重要的治病药材，导致一些动物特别是大型脊椎动物的数量不断下降。特别是在20世纪50年代以后，在经济和社会发展迅速、人口迅猛增加的同时，野生动植物也成为商品而产生了大量交易，西南地区出现了严重的乱砍滥伐和乱捕滥猎等问题，野生动物栖息地不断遭到损毁，野生动物生存空间日益缩小，动物种群数量不断下降，有的甚至遭到了灭顶之灾。如因昆明滇池1969年开始进行"围湖造田"，加上城市污水直排入湖等原因，导致了生活于滇池周边的滇蝾因失去产卵场所和湖水严重污染而灭绝。

为此，中国政府自20世纪80年代开始，将生物多样性保护列入了基本国策，签署和加入了一系列国际保护公约，颁布实施了多部法律或法规，将生态系统和生物多样性保护纳入法律体系内。我国西南地区相继有一批重要地点被列入全球或全国的重要保护项目或计划中（表5、表6），从而使这些独特而重要的地点依法、依规得到了保护。特别是在21世纪到来之际，中国在开始实施西部大开发战略的同时，还启动了天然林保护工程、退耕还林工程、野生动植物保护及自然保护区建设工程、长江中上游防护林体系建设工程等多项环境和生物多样性保护的重大工程，西南地区在其中都是建设的重点，并取得了许多重要进展，西南地区生物多样性下降的总体趋势有所减缓，但还未得到完全有效的遏制。西南地区是我国社会和经济发展较为落后的贫困区，但同时也是发展最为迅速的区域，在2013—2018年这6年中，我国大陆31个省（直辖市、自治区）的GDP增速排名前三的省（直辖市、自治区）基本都出自西南地区，伴随而来的是人类活动强度不断增加，自然环境受到的干预和破坏不断加速加重，导致了栖息地退化或丧失、环境污染现象，再加上气候变化、外来物种入侵的影响，这一区域的生命支持系统正在承受着前所未有的压力。例如在2000—2010年，如果我们仅关注林地面积减少（与林地增长分别统计），云南、广西、四川的林地丧失面积分别排名全国第1、2、4位，广西、贵州的年均林地丧失率排名全国第1、3位。

拥有丰富、多样而独特的资源本底，加上正在经历历史上最快速的变化，我国西南地区的环境和生物多样性保护受到了国内外的高度关注，在全球36个生物多样性保护热点地区中，涉及我国的有3个——印缅地区、中国西南山地和喜马拉雅，它们在我国的范围全部都位于西南地区（表5）。我国在西南地区建立了102个国家级自然保护区（表6），约占全国国家级自然保护区总面积的45%。野生动物资源保护事关生态安全和社会经济的可持续发展。我国正从环境付出和资源输出型大国向依靠科技力量保护环境和可持续利用自然资源的发展方式转型。生态文明建设成为国家总体战略布局的重要组成部分，本着尊重自然、顺应自然、保护自然，绿水青山就是金山

表 5　中国西南 6 省（直辖市、自治区）被列入全球重要保护项目或计划的地点

类别	数量		名称（所属省、直辖市、自治区）
	全国	西南	
世界文化自然双重遗产	4	1	峨眉山—乐山大佛风景名胜区（四川）
世界自然遗产	13	8	黄龙风景名胜区（四川）、九寨沟风景名胜区（四川）、大熊猫栖息地（四川）、三江并流保护区（云南）、中国南方喀斯特（云南、贵州、重庆、广西）、澄江化石遗址（云南）、中国丹霞（包括贵州赤水、福建泰宁、湖南崀山、广东丹霞山、江西龙虎山、浙江江郎山等 6 处）、梵净山（贵州）
世界生物圈保护区	34	11	卧龙（四川）、黄龙（四川）、亚丁（四川）、九寨沟（四川）、茂兰（贵州）、梵净山（贵州）、珠穆朗玛（西藏）、高黎贡山（云南）、西双版纳（云南）、山口红树林（广西）、猫儿山（广西）
世界地质公园	39	7	石林（云南）、大理苍山（云南）、织金洞（贵州）、兴文石海（四川）、自贡（四川）、乐业—凤山（广西）、光雾山—诺水河（四川）
国际重要湿地	57	11	大山包（云南）、纳帕海（云南）、拉市海（云南）、碧塔海（云南）、色林错（西藏）、玛旁雍错（西藏）、麦地卡（西藏）、长沙贡玛（四川）、若尔盖（四川）、北仑河口（广西）、山口红树林（广西）
全球生物多样性保护热点地区	3	3	印缅地区（西藏、云南）、中国西南山地（云南、四川）、喜马拉雅（西藏）

表 6 中国西南 6 省（直辖市、自治区）已建立的国家级自然保护区

地名	数量	名称
广西壮族自治区	23	银竹老山资源冷杉、七冲、邦亮长臂猿、恩城、元宝山、大桂山鳄蜥、崇左白头叶猴、大明山、千家洞、花坪、猫儿山、合浦营盘港—英罗港儒艮、山口红树林、木论、北仑河口、防城金花茶、十万大山、雅长兰科植物、岑王老山、金钟山黑颈长尾雉、九万山、大瑶山、弄岗
重庆市	6	五里坡、阴条岭、缙云山、金佛山、大巴山、雪宝山
四川省	32	千佛山、栗子坪、小寨子沟、诺水河珍稀水生动物、黑竹沟、格西沟、长江上游珍稀特有鱼类、龙溪—虹口、白水河、攀枝花苏铁、画稿溪、王朗、雪宝顶、米仓山、唐家河、马边大风顶、长宁竹海、老君山、花萼山、蜂桶寨、卧龙、九寨沟、小金四姑娘山、若尔盖湿地、贡嘎山、察青松白唇鹿、长沙贡玛、海子山、亚丁、美姑大风顶、白河、南莫且湿地
云南省	20	乌蒙山、云龙天池、元江、轿子山、会泽黑颈鹤、哀牢山、大山包黑颈鹤、药山、无量山、永德大雪山、南滚河、云南大围山、金平分水岭、黄连山、文山、西双版纳、纳板河流域、苍山洱海、高黎贡山、白马雪山
贵州省	10	佛顶山、宽阔水、习水中亚热带常绿阔叶林、赤水桫椤、梵净山、麻阳河、威宁草海、雷公山、茂兰、大沙河
西藏自治区	11	麦地卡湿地、拉鲁湿地、雅鲁藏布江中游河谷黑颈鹤、类乌齐马鹿、芒康滇金丝猴、珠穆朗玛峰、羌塘、色林错、雅鲁藏布大峡谷、察隅慈巴沟、玛旁雍错湿地
合计	102	

注：至 2018 年，我国有国家级自然保护区 474 个。

33

银山的理念，我国正在加紧实施重要生态系统保护和修复重大工程，并在脱贫攻坚战中坚持把生态保护放在优先位置，探索生态脱贫、绿色发展的新路子，让贫困人口从生态建设与修复中得到实惠。面对我国野生动植物资源保护的严峻形势，面对生态文明建设和优化国家生态安全屏障体系的新要求，西南地区野生动物保护工作任重而道远，需要政府、科学家和公众共同携手努力，才能确保野生动植物资源保护不仅能造福当代，还能惠及子孙，为实现中国梦和建设美丽中国做出贡献！

五、本书概况

本丛书分为 5 卷 7 本，以图文并茂的方式逐一展示和介绍了我国西南地区约 2000 种有代表性的陆栖脊椎动物和昆虫。每个物种都配有 1 幅以上精美的原生态图片，介绍或描述了每个物种的分类地位、主要识别特征、濒危或保护等级，重要的生物学习性和生态学特性，有的还涉及物种的研究史、人类利用情况和保护现状与建议等。哺乳动物卷介绍了 11 目 30 科 76 属 115 种，为本区域已知物种的 26%；鸟类卷（上、下）介绍了云南已知鸟类 700 余种，为本区域已知物种的 64%；爬行动物卷介绍了爬行动物 2 目 22 科 90 属 230 种，其中有 2 个属、13 种蜥蜴和 2 种蛇为本书首次发表的新属或新种，为本区域已知物种的 66%；两栖动物卷介绍了 300 余种，为本区域已知物种的 91%。以上 5 卷合计介绍了本区域已知陆栖脊椎动物的 60%。昆虫卷（上、下）介绍了西南地区近 700 种五彩缤纷的昆虫。《前言》部分介绍了造就我国西南地区丰富的物种多样性的自然环境和条件，复杂的动物地理区系，以及本区域野生动物资源的突出特点，强调了地形地貌和气候的复杂性是形成西南地区野生动物多样性和特殊性的主要原因，并对本区域动物多样性保护的重要性进行了简要论述。

本书是在国内外众多科技工作者辛勤工作的大量成果基础上编写而成的。本书采用的分类系统为国际或国内分类学家所采用的主流分类系统，反映了国际上分类学、保护生物学等研究的最新成果，具体可参看每一卷的《后记》。本书主创人员中，有的既是动物学家也是动物摄影家。由于珍稀濒危动物大多分布在人迹罕至的荒野，或分布地极其狭窄，或对人类的警戒性较强，还有不少物种人们对其知之甚少，甚至还没有拍到过原生态照片，许多拍摄需在人类无法生存的地点进行长时间追踪或蹲守，因而本书非常难得地展示了许多神秘物种的芳容，如本书发表的 13 种蜥蜴和 2 种蛇新种就是首次与读者见面。作为展示我国西南地区博大深邃的动物世界的一个窗口，本书每幅精美的图片记录的只是历史长河中匆匆的一瞬间，但只要用心体会，就可窥探到其暗藏的故事，如动物的行为状态、栖息或活动场所等，从中可以看出动物的喜怒哀乐、栖息环境的大致现状等。我们真诚地希望本书能让更多的公众进一步认识和了解野生动物的美，以及它们的自然价值和社会价值，认识和了解到有越来越多的野生动物正面临着生存的危机和灭绝的风险，唤起人们对野生动物的关爱，激发越来越多的公众主动投身到保护环境、保护生物多样性、保护野生动物的伟大事业中，为珍稀濒危动物的有效保护做贡献。

衷心感谢北京出版集团对本书选题的认可和给予的各种指导与帮助，感谢中国科学院战略性先导科技专项 XDA19050201、XDA20050202 和

XDA 23080503 对编写人员的资助。我们谨向所有参与本书编写、摄影、编辑和出版的人员表示衷心的感谢，衷心感谢季维智院士对本书编写工作给予的指导并为本书作序。由于编著者学识水平和能力所限，错误和遗漏在所难免，我们诚恳地欢迎广大读者给予批评和指正。

2019 年 9 月于昆明

《前言》主要参考资料

【01】IUCN. The IUCN Red List of Threatened Species. 2019.

Version 2019-1[DB]. https://www.iucnredlist.org.

【02】蔡波,王跃招,陈跃英,等.中国爬行纲动物分类厘定 [J]. 生物

多样性 . 2015, 23(3): 365-382.

【03】蒋志刚,江建平,王跃招,等.中国脊椎动物红色名录 [J]. 生物

多样性 . 2016, 24(5): 500-551.

【04】蒋志刚,刘少英,吴毅,等.中国哺乳动物多样性（第 2 版）[J].

生物多样性 . 2017, 25 (8): 886-895.

【05】蒋志刚,马勇,吴毅,等.中国哺乳动物多样性及地理分布 [M].

北京 : 科学出版社 , 2015.

【06】张荣祖 . 中国动物地理 [M]. 北京 : 科学出版社 , 1999.

【07】郑光美主编 . 中国鸟类分类与分布名录（第 3 版）[M]. 北京 : 科

学出版社 , 2017.

【08】中国科学院昆明动物研究所 . 中国两栖类信息系统 [DB].

2019.http://www.amphibiachina.org.

目录

38

39

龟鳖目
TESTUDINES

山瑞鳖
Palea steindachneri

又名团鱼、甲鱼。体形较大；头大，略呈三角形，颈和吻较长，颈两侧各有一团大瘰粒；背盘椭圆形，稍有隆起，没有坚硬的角质盾片，而是被以柔软的革质皮肤，前缘有一排粗大疣粒，后缘具有宽大柔软的裙边；四肢宽扁，指、趾间有宽大的蹼；尾短。体背黄褐色，腹面灰黄色，颈背及四肢背面黑灰色，爪黄白色。生活在海拔80～300 m的山区河流、水塘中。肉食性。在岸边沙滩或泥地挖穴产卵。国内分布于云南、贵州、广东、海南、广西、香港；国外分布于越南。

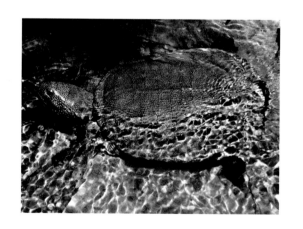

鳖科 Trionychidae， 山瑞鳖属 *Palea*
中国保护等级： II级
中国评估等级： 濒危（EN）
世界自然保护联盟（IUCN）评估等级： 濒危（EN）
濒危野生动植物种国际贸易公约（CITES）： 附录 II

鼋

Pelochelys cantorii

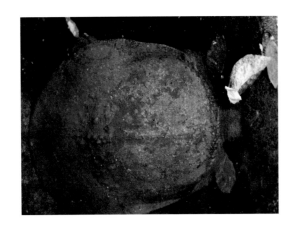

　　大型鳖类，头小，体长60～100 cm。吻突圆而短，鼻孔位于吻端，眼小；颈无疣；体背扁平光滑呈宽圆形，背甲前缘平切，后缘微凹，裙边短；四肢扁圆，尾短。体背橄榄色，有的有黄白色斑点；腹面黄白色。生活于淡水河流中较深和流速缓慢的水域。肉食性，捕食鱼、虾、螺等。国内分布于江苏、浙江、福建、安徽、广东、海南、广西、云南等；国外分布于孟加拉国、柬埔寨、印度、印度尼西亚、老挝、马来西亚、菲律宾、泰国和越南。

鳖科 Trionychidae，鼋属 *Pelochelys*
中国保护等级：I 级
中国评估等级：极危（CR）
世界自然保护联盟（IUCN）评估等级：易危（VU）
濒危野生动植物种国际贸易公约（CITES）：附录 II

47

斑鳖
Rafetus swinhoei

　　体形巨大，体长可达1 m以上。吻短，鼻孔位于吻端，头背及头侧有斑纹，头侧有圈斑，圈斑心略呈绿黄色；背盘椭圆形，躯体扁平，略隆起；指、趾间具全蹼；尾短，从背盘上方不可见。头背、体背皮肤光滑，浅橄榄绿色，有不规则的黄褐色斑纹；腹面及颈、肩部为肉红色，无斑纹。主要生活于热带和亚热带海拔500 m以下的大型河流，多栖息于有沙滩的河道。肉食性。国内分布于浙江、江苏、上海、云南；国外分布于越南。

鳖科 Trionychidae，斑鳖龟属 *Rafetus*
中国评估等级：极危（CR）
世界自然保护联盟（IUCN）评估等级：极危（CR）
濒危野生动植物种国际贸易公约（CITES）：附录 II

中华鳖
Pelodiscus sinensis

　　体形似山瑞鳖，背盘卵圆形，体重可达5 kg。头长，吻端突出；颈长而粗，皮肤呈皱纹状，颈侧和背盘没有大的瘰粒；背盘宽短，体背皮肤厚且光滑，四周边缘有柔软厚实的裙边；四肢扁平，蹼宽大如桨；尾短，有皱纹状线。体色较浅，常呈黄绿色。生活于海拔1000 m以下的江河湖泊，也见于池塘、水库或山溪缓流中，以蚌、螺、虾、蟹、鱼、蛙、昆虫为食。冬季潜身于水底淤泥下冬眠。国内广泛分布于除宁夏、新疆、青海及西藏以外的各地；国外分布于日本。

鳖科 Trionychidae，鳖属 *Pelodiscus*
中国评估等级：濒危（EN）
世界自然保护联盟（IUCN）评估等级：易危（VU）
濒危野生动植物种国际贸易公约（CITES）：附录 II

平胸龟
Platysternon megacephalum

　　体形较小；头三角形，大而宽，不能缩进背甲内；眼大，无眼睑，鼓膜明显，头颈区分明显，喙鹰嘴状；背甲屋脊状，腹甲平坦；四肢粗壮，指、趾间有蹼；尾长。生活于山间溪流及沼泽中，不擅游泳，能攀爬岩石或树木；喜食蜗牛、螃蟹、田螺和鱼虾等。国内分布于江苏、浙江、福建、江西、湖南、广东、广西、香港、海南、贵州、安徽、云南；国外分布于老挝、缅甸、柬埔寨、泰国和越南。

平胸龟科 Platysternidae，平胸龟属 *Platystemon*
中国评估等级：极危（CR）
世界自然保护联盟（IUCN）评估等级：濒危（EN）
濒危野生动植物种国际贸易公约（CITES）：附录 I

50

凹甲陆龟
Manouria impressa

　　体形较大，体长可达30 cm以上；背甲隆起，盾片中央凹陷，前后缘上翘且呈锯齿状；腹甲短于背甲，与背甲相连，躯体包裹在坚硬的壳中，头、尾和四肢均能缩入壳内；四肢粗壮如柱，指、趾有爪但无蹼，适应在陆地上爬行；尾短。背甲和腹甲均为黄褐色，常有暗褐色斑块或放射状纹。生活于热带和亚热带山地林区山溪旁，白天隐蔽，晨昏活动。主要以嫩草、枝叶、野果等为食。国内主要分布于云南；国外分布于老挝、马来西亚、缅甸、柬埔寨、泰国和越南。

陆龟科 Testudinidae，凹甲陆龟属 *Manouria*
中国保护等级：Ⅱ级
中国评估等级：极危（CR）
世界自然保护联盟（IUCN）评估等级：易危（VU）
濒危野生动植物种国际贸易公约（CITES）：附录Ⅱ

缅甸陆龟
Indotestudo elongata

体形中等；头浅黄色，喙缘锯齿状；背甲隆起较高，前后缘略向上翘起；背、腹甲灰白色或浅黄色且有黑斑，甲片上的黑斑变异较大，从无黑斑到黑斑布满整个甲片；四肢粗大如柱，无蹼；尾较短，末端为角状。生活于热带山地和丘陵环境中，以植物的根、茎、叶、果实等为食，也吃一些小型动物。国内主要分布于云南；国外分布于孟加拉国、尼泊尔、印度、不丹、柬埔寨、老挝、马来西亚、缅甸、泰国和越南。

陆龟科 Testudinidae，南亚陆龟属 *Indotestudo*
中国评估等级：极危（CR）
世界自然保护联盟（IUCN）评估等级：极危（CR）
濒危野生动植物种国际贸易公约（CITES）：附录 II

乌龟
Mauremys reevesii

　　体呈椭圆形，前窄后宽；头较小，背面平滑无鳞，眼大，有上下眼睑，鼓膜明显，头颈区分明显；背甲长而隆起，背脊有3条纵棱；腹甲短于背甲，前缘平，后缘缺刻深。雌性头部青橄榄色，头侧和颈侧有黄绿色条纹；背甲棕色，腹甲棕黄色并有大块的黑色斑纹。雄性头颈、背甲、腹甲、四肢和尾均为黑色或灰黑色，无斑纹。分布于海拔300～2000 m的平原、低山或半山区的稻田、湖泊、河流及水塘中。杂食性。国内分布于河北、江苏、浙江、安徽、福建、江西、山东、河南、湖北、湖南、香港、广东、广西、四川、贵州、云南、陕西、甘肃、台湾；国外分布于朝鲜和韩国。

地龟科 Geoemydidae，拟水龟属 *Mauremys*
中国评估等级：濒危（EN）
世界自然保护联盟（IUCN）评估等级：濒危（EN）
濒危野生动植物种国际贸易公约（CITES）：附录Ⅲ

53

黄喉拟水龟
Mauremys mutica

　　头顶光滑无鳞；背甲扁平，具3条显著的纵棱，浅棕色或灰棕色，脊棱、侧棱、盾片边缘颜色较深；甲桥和腹甲黄色，腹甲前缘微凹，后缘深缺，中央有1块矩形黑斑；指、趾间具全蹼；尾短而细。生活在丘陵与山区河流附近的池塘中。杂食性，食物包括蚯蚓、昆虫、鱼、蛙、蝌蚪、田螺及植物果实等。国内分布于云南、福建、广东、广西、台湾、海南、江西、江苏、浙江、湖北等；国外分布于日本和越南。

地龟科 Geoemydidae，拟水龟属 *Mauremys*
中国评估等级：濒危（EN）
世界自然保护联盟（IUCN）评估等级：濒危（EN）
濒危野生动植物种国际贸易公约（CITES）：附录 II

54

花龟
Mauremys sinensis

　　体形较扁，上颌缘呈细锯齿状；背甲椭圆形，盾片具同心环纹，脊棱突出、侧棱不明显；腹甲前缘平直，后缘凹缺；四肢扁平略呈柱状，前肢5指、后肢4趾，具满蹼。头背近黑褐色，头侧和颈侧具8条以上黄色纵纹，其间夹杂黑褐色纵纹；背甲棕褐色至黑褐色，脊棱呈棕褐色；四肢及尾具黄色纵纹。生活于池塘及水流较缓的河中。主要以植物性食物为食，亦取食昆虫、鱼类和软体动物。国内分布于上海、江苏、浙江、福建、香港、广东、广西、台湾、海南和云南；国外分布于老挝和越南。

地龟科 Geoemydidae，拟水龟属 *Mauremys*
中国评估等级：濒危（EN）
世界自然保护联盟（IUCN）评估等级：濒危（EN）
濒危野生动植物种国际贸易公约（CITES）：附录 Ⅲ

黄缘闭壳龟
Cuora flavomarginata

　　头大吻短，头背光滑，上颌突出呈钩状，眼大，鼓膜明显；背甲隆起较高，中央脊棱显著，侧棱不明显，盾片有清晰的同心纹；腹甲平滑，前窄后宽，前后缘均圆，背甲与腹甲间以韧带相连，可以完全闭合；四肢侧扁，指、趾间蹼不发达；尾短。头背两侧各有1条金黄色条纹，吻端及前颊黄色，鼓膜及喉部红黄色；背甲黑红色或暗棕红色，中央脊棱淡黄色，甲缘腹面黄色；腹甲黑色，边缘黄色；四肢黑灰色；尾背面有1条黄色纵纹。多生活于森林边缘或靠近水源的地方，隐藏于灌木茂盛的乱石缝里或落叶下。以蛇、鼠以及昆虫等小型无脊椎动物为食，亦进食植物的花、果、叶等。国内分布于四川、重庆、安徽、福建、广东、广西、河南、湖北、湖南、江苏、江西、台湾、浙江；国外分布于日本。

地龟科 Geoemydidae，闭壳龟属 *Cuora*
中国评估等级：极危（CR）
世界自然保护联盟（IUCN）评估等级：濒危（EN）
濒危野生动植物种国际贸易公约（CITES）：附录 II

黄额闭壳龟
Cuora galbinifrons

　　体形中等，头背皮肤平滑无鳞；吻端稍向后倾斜，上颌周缘平齐；背甲隆起，前缘略凹、后缘略呈锯齿状，中央具脊棱；腹甲前后缘均圆且无凹缺，腹甲与背甲、胸盾与腹盾间以韧带相连，可以闭合；四肢被覆瓦状鳞片，指、趾间具半蹼；尾较短，被硬鳞。头顶淡黄色，背甲布满黑色或棕色花纹，中央有淡黄色脊棱，两侧具对称的斑纹。生活于海拔700～1800 m的常绿季雨林中，气候较干燥时常栖息于山林中的溪流边。杂食性。国内分布于海南、广西；国外分布于越南。

地龟科 Geoemydidae，闭壳龟属 *Cuora*
中国评估等级：极危（CR）
世界自然保护联盟（IUCN）评估等级：极危（CR）
濒危野生动植物种国际贸易公约（CITES）：附录Ⅱ

潘氏闭壳龟
Cuora pani

　　头窄长，顶部光滑，吻略突出，上颌略呈钩状；体背较扁平，椭圆形，中央脊棱明显；腹甲前缘圆，后缘缺刻，腹甲可与背甲完全闭合；四肢略扁，具鳞片。头部橄榄色，有黄绿色眶后浅纹，并有2条黄绿色带延伸到上颌至鼓膜，颈背侧橄榄绿色；背甲淡绿褐色，腹甲淡黄色，腹背甲之间的桥黑色；前后肢外侧橄榄色，里侧和基部绿色；尾橄榄色。常生活于高原山区环境中。我国特有种，已知分布于四川、重庆、陕西、湖北。

地龟科 Geoemydidae，闭壳龟属 *Cuora*
中国评估等级：极危（CR）
世界自然保护联盟（IUCN）评估等级：极危（CR）
濒危野生动植物种国际贸易公约（CITES）：附录 II

60

百色闭壳龟
Cuora mccordi

　　头部光滑较窄，吻略突出、上颌无钩无缺刻；背甲椭圆形，中等隆起，后缘中央有1个极小的缺刻，前后缘通常上翻，甲壳纹理粗糙，有环纹；腹甲短于背甲，有可动的"铰链"；雄性腹甲内凹，尾较粗长；雌性腹甲平，四肢具鳞，尾较小。头顶淡绿色，侧面黄色，有1条橘黄色镶黑边的眶后纹，在眶与鼻孔之间亦有1条窄的镶黑边的纹；背甲淡棕红色，腹甲黄色，正中有1个明显的大黑斑；尾淡橘黄色，有1条黑色脊纹。我国特有种，分布于广西。

地龟科 Geoemydidae，闭壳龟属 *Cuora*
中国评估等级：极危（CR）
世界自然保护联盟（IUCN）评估等级：极危（CR）
濒危野生动植物种国际贸易公约（CITES）：附录 II

三线闭壳龟
Cuora trifasciata

　　头窄，吻较尖，上颌明显突出呈钩状，头背皮肤平滑；颈背皮肤布满疣粒，各盾片有少许同心纹；背甲长椭圆形，前缘较平；腹甲前、后缘圆，前缘中央有一小缺刻；尾短小。头顶蜡黄色，吻端至眼前有一浅黄窄纵纹；背甲棕红色，背脊及两侧各有一条纵置黑线，中央1条较长，四肢背面黄色；腹面浅灰黄色，肛盾黑褐色。生活于亚热带常绿阔叶林的溪流、河流、池塘中。杂食性。我国特有种，分布于广西、贵州、广东、福建、海南、香港。

地龟科 Geoemydidae，闭壳龟属 *Cuora*
中国保护等级：II级
中国评估等级：极危（CR）
世界自然保护联盟（IUCN）评估等级：极危（CR）
濒危野生动植物种国际贸易公约（CITES）：附录II

云南闭壳龟
Cuora yunnanensis

　　体形中等，头长，吻短，鼓膜明显；背甲椭圆形，体背较扁，中央脊棱明显；腹甲平坦，腹甲几与背甲相等，前端无缺刻，背腹甲相连处为韧带；四肢较扁，指、趾间有全蹼；尾细短。头背部暗橄榄绿色，侧面各有2条黄色纵纹；背甲为褐色、黑色或青色；腹甲淡黄色，或有黑色大斑。生活于中山地带。我国特有种，仅分布于云南。

地龟科 Geoemydidae，闭壳龟属 *Cuora*
中国保护等级：II级
中国评估等级：极危（CR）
世界自然保护联盟（IUCN）评估等级：极危（CR）
濒危野生动植物种国际贸易公约（CITES）：附录II

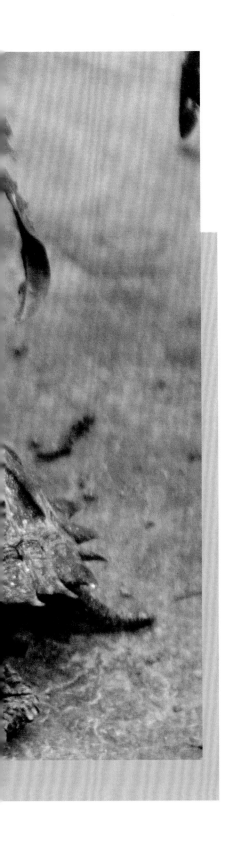

锯缘闭壳龟
Cuora mouhotii

　　头顶后部具大鳞，上喙钩形；颈周围具小鳞；背甲方形高隆，具3条纵脊棱，前缘略呈锯齿状，后缘具4对明显的锯齿；腹甲不能完全与背甲闭合；四肢扁平，具覆瓦状鳞片，指、趾间半蹼；尾短小。头顶部棕黄色；背甲棕黄色，具棕褐色条纹或蠕虫状斑纹；腹甲淡黄色；四肢和尾黑褐色。生活于海拔250 m左右的低山区。杂食性。国内分布于广东、广西、海南、云南；国外分布于越南、泰国、缅甸、印度和不丹。

地龟科 Geoemydidae，闭壳龟属 *Cuora*
中国评估等级：极危（CR）
世界自然保护联盟（IUCN）评估等级：濒危（EN）
濒危野生动植物种国际贸易公约（CITES）：附录 II

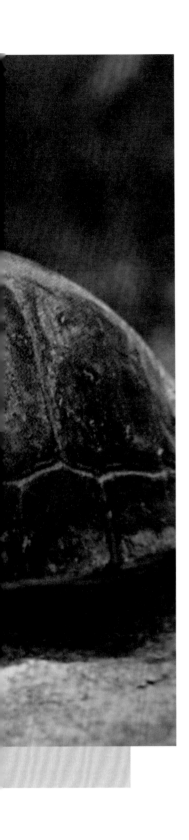

马来闭壳龟
Cuora amboinensis

　　吻突出，上颌略呈钩状，头背棕橄榄色至暗棕色，头侧黑色，有3条鲜明的黄色纵纹；背甲隆起，上有明显的脊棱，后缘圆且无缺刻；腹部黄色；四肢棕橄榄色至黑色，指、趾间全蹼。以水栖为主，喜食蠕虫、蜗牛等。国内分布于广西、广东、云南；国外分布于孟加拉国、柬埔寨、印度、印度尼西亚、马来西亚、缅甸、泰国和越南。

地龟科 Geoemydidae，闭壳龟属 *Cuora*
世界自然保护联盟（IUCN）评估等级：易危（VU）
濒危野生动植物种国际贸易公约（CITES）：附录 II

地龟
Geoemyda spengleri

　　体形小，较扁平；头顶平滑无鳞，吻部尖窄，不向外倾斜；背甲光滑，脊棱、侧棱显著，缘盾末端均尖出呈锯齿状，尖端微向上翘；四肢覆盖角质鳞片，尖端锐利，指、趾间蹼不发达；尾短。头部和背部呈黄褐色，腹甲棕黑色，四肢和尾巴暗褐色，有明显的黑色和红色斑点。半水栖，生活于山区丛林溪流附近的阴湿地区。杂食性。国内分布于云南、湖南、广东、广西、海南；国外分布于越南和老挝。

地龟科 Geoemydidae，地龟属 *Geoemyda*
中国保护等级：Ⅱ级
中国评估等级：濒危（EN）
世界自然保护联盟（IUCN）评估等级：濒危（EN）
濒危野生动植物种国际贸易公约（CITES）：附录Ⅱ

四眼斑水龟
Sacalia quadriocellata

　　头背光滑，吻短；背甲椭圆形，前窄后宽；腹甲平坦，略短于背甲，前缘平切，后缘略凹；四肢扁平，前肢外侧具许多大鳞，指、趾间满蹼，爪尖细而侧扁；尾较细。头背棕橄榄色，头背后侧具2对明显的前后排列的眼斑，每对眼斑色彩相同，每枚眼斑中央有1个黑点；雄性眼斑橄榄绿色，外围具浅色边，雌性眼斑浅黄色；喙黑褐色，杂有黄褐色斑点或细纹；颈部有多条纵纹，颈背3条纵纹尤为明显；背甲棕褐色或暗褐色；四肢黑褐色，内侧及腹面颜色较浅；尾背面颜色较深，腹面较浅。生活在山区丛林的溪流中。杂食性。国内分布于海南、江西、广东、广西、云南；国外见于越南和老挝。

地龟科 Geoemydidae，眼斑水龟属 *Sacalia*
中国评估等级：濒危（EN）
世界自然保护联盟（IUCN）评估等级：濒危（EN）
濒危野生动植物种国际贸易公约（CITES）：附录 II

齿缘摄龟
Cyclemys dentata

　　头顶平滑、无鳞，上喙略呈钩形。背甲椭圆形，略微隆起，中央脊棱明显，无侧棱，后缘呈浅锯齿状；腹甲略短于背甲，分为前后两半，前半可活动，但不能与背甲闭合，前缘微凹，后缘缺刻较深。头背灰绿色，有棕色小斑点，头侧具橘红色纵条纹，颈部深灰色，有黄色纵纹；背甲棕褐色，腹甲淡黄色，盾片具黑色放射状斑纹；四肢灰色，腹面为浅黄色。生活于山溪中。杂食性。国内主要分布于云南；国外分布于孟加拉国、文莱、柬埔寨、印度、印度尼西亚、老挝、马来西亚、缅甸、尼泊尔、新加坡、菲律宾、泰国和越南。

地龟科 Geoemydidae，摄龟属 *Cyclemys*
中国评估等级：数据缺乏（DD）
世界自然保护联盟（IUCN）评估等级：近危（NT）
濒危野生动植物种国际贸易公约（CITES）：附录 II

73

有鳞目
SQUAMATA

（一）蜥蜴亚目
Lacertilia

凭祥睑虎
Goniurosaurus luii

头长，呈三角形，上下眼睑发达并可活动，吻圆锥形；颈部明显；躯干较短，四肢细长，尾短。头被粒鳞，颈背、躯干背面粒鳞间散有圆形或锥形的大疣鳞，腹面被覆瓦状鳞。体色多偏紫黑，有大理石碎斑，体背有5条清晰的黄色或橘黄色横间纹，眼睛橘红色。生活于多岩石的森林和灌木丛，或见于干燥的山洞和岩洞内。主要以昆虫为食。国内分布于广西；国外分布于越南。

睑虎科 Eublepharidae，睑虎属 *Goniurosaurus*
中国评估等级：近危（NT）

墨脱弯脚虎
Cyrtopodion medogense

　　体扁，头及躯干背面被平滑的粒鳞；背部粒鳞间有平滑的圆形疣鳞；前肢贴体前伸时，指端在眼眶前缘；后肢略短，指、趾基节不扩展；尾节明显，尾被平滑的覆瓦状鳞、尾侧有锯齿状鳞片。生活于海拔2700～3000 m的山坡，白天躲于石块下或石缝中。以小型昆虫为食。我国特有种，分布于西藏。

壁虎科 Gekkonidae，弯脚虎属 *Cyrtopodion*
中国评估等级：数据缺乏（DD）

河口裸趾虎 新种
Cyrtodactylus zhaoi sp. nov.

　　全长18～19 cm，体圆柱形，略扁；头宽大于头高，尾长大于头体长，四肢较长；头和体背面灰白色，头背有灰白色斑点和黑色斑块，体背部有规则或不规则分布的横纹，第一横纹在背中线处不分开，其余横纹之间在背中线处分开，第一横纹到尾部之间的背中线上分布着4～5枚灰黑色斑块；尾部背面有8～9个白色和黑色相间的斑纹；腹外侧正中具有一条由褶皱形成的直纵线；指、趾细长，末端稍侧扁，具爪。主要栖息在石灰岩分布的岩洞或石块上。我国特有种，仅发现于云南。

壁虎科 Gekkonidae，裸趾虎属 *Cyrtodactylus*

78

蔡氏裸趾虎 新种
Cyrtodactylus caii sp. nov.

　　体形中等，略扁；头背部有网状斑纹；四肢较长，指、趾细长，末端稍侧扁，具爪；尾细长，圆柱形。体背面灰褐色，带有深紫褐色斑点和网状斑纹；自头部至尾部以及四肢背面的疣鳞呈浅褐色到黄色；尾部背面有5～7个灰褐色和黑色相间的斑纹。生活于海拔730～810 m石灰岩地带的石头和树木上。仅发现于我国云南。学名为纪念著名植物学家、中国科学院西双版纳热带植物园奠基人蔡希陶教授。

壁虎科 Gekkonidae，裸趾虎属 *Cyrtodactylus*

79

蔡氏裸趾虎 *Cyrtodactylus caii*

卡西裸趾虎

Cyrtodactylus khasiensis

　　头大，头长相当于头宽1.5倍；瞳孔垂直，有锯齿状缘；体背被颗粒状鳞，灰褐色，有深褐色不规则的波浪状条纹；体侧各有1条由疣鳞组成的"褶"；腹鳞圆形，光滑无棱；指、趾末端具锐爪；尾基部粒鳞不规则排列，其后逐渐排成横行。生活于海拔1200 m的季节性雨林山箐中，常见于较大的石缝中。国内分布于西藏和云南；国外分布于印度、不丹。

壁虎科 Gekkonidae，裸趾虎属 *Cyrtodactylus*
中国评估等级：数据缺乏（DD）

西藏裸趾虎
Cyrtodactylus tibetanus

    体纵扁，体背部有在正中被断开的宽阔横纹。头及躯干背面被平滑的粒鳞；背部粒鳞间有平滑的圆形疣鳞；腹鳞平滑，略呈覆瓦状；前肢贴体前伸时，指端在眼眶前缘；肢略短，指、趾基节不扩展；尾节不明显，尾被平滑的覆瓦状鳞，仅尾基部有疣鳞。生活于海拔2900～3800 m的荒坡或河流旁石壁上，白天躲于石块下或石缝中。以小型昆虫为食。我国特有种，分布于西藏。

壁虎科 Gekkonidae，裸趾虎属 *Cyrtodactylus*
中国评估等级：无危（LC）
世界自然保护联盟（IUCN）评估等级：无危（LC）

84

小黑江裸趾虎 新种
Cyrtodactylus xiaoheijiangensis sp. nov.

体圆柱形，稍侧扁，尾细长。头背黑褐色，有黄色线纹与黑色斑块组成的网格状斑纹；体背面黑褐色，带有黄色斑点连接而成的黄色线纹、横纹或网状斑纹。生活于海拔约400 m的石灰岩地带的石头和树木上。已知分布于我国云南。

壁虎科 Gekkonidae，裸趾虎属 *Cyrtodactylus*

85

云南半叶趾虎

Hemiphyllodactylus yunnanensis

　　头顶平，吻端钝圆；颈短，颈侧有1对膨大的黄色腺体；指、趾下有叶瓣；尾扁圆形。头背、上眼睑、体背、尾背、下颌面、腹面及尾腹面有小鳞，四肢背腹面有小鳞。生活于海拔1870～1950 m高山地区的房屋四周墙壁上，夜晚常在有灯光的墙壁上活动取食。国内分布于云南、贵州、西藏；国外分布于缅甸、老挝、泰国、越南。

壁虎科 Gekkonidae，半叶趾虎属 *Hemiphyllodactylus*
中国评估等级：近危（NT）
世界自然保护联盟（IUCN）评估等级：无危（LC）

86

截趾虎
Gehyra mutilata

　　头扁平、眼大、颈短、颈侧有1对膨大腺体；前指、后肢五趾型；尾基部宽扁肥厚，尾端尖细。通体被小鳞，吻鳞较大，扇形；尾下鳞较大，呈覆瓦状。头背及体背、四肢背面及尾背面米黄色，上有棕色细斑点；腹面黄紫灰色；指、趾下瓣褐色。生活于海拔600 m地带，常栖于岩石和房屋周围。尾易断，借以逃避敌害。国内分布于台湾、广东、云南及海南；国外广泛分布于太平洋中部。

壁虎科 Gekkonidae，截趾虎属 *Gehyra*
中国评估等级：易危（VU）

原尾蜥虎
Hemidactylus bowringii

　　体形扁平，全身被细鳞；头大，吻尖而倾斜；颈侧有1对黄色腺体；前后肢贴体相向时相交或相遇；指、趾间无蹼；尾长而扁圆，尾基部浑圆，末端尖细。生活于海拔300～1300 m的河谷地带房屋墙壁上及洞穴中，夜晚捕食昆虫。国内分布于台湾、福建、广东、香港、海南、广西及云南；国外分布于越南、缅甸、老挝、尼泊尔、不丹和日本。

壁虎科 Gekkonidae，蜥虎属 *Hemidactylus*
中国评估等级：无危（LC）
世界自然保护联盟（IUCN）评估等级：无危（LC）

原尾蜥虎 *Hemidactylus bowringii*

疣尾蜥虎
Hemidactylus frenatus

　　头较大，头顶前倾，吻端略圆；颈短，颈两侧有1对黄色腺体；前后肢贴体时相交；尾长接近体长，略呈圆柱形，基部粗，后端细尖。生活于海拔300～1200 m的地区，常见于房屋四周墙壁和屋檐上，夜晚在灯光下活动。国内分布于云南、广东、香港、广西、海南(含西沙群岛)、台湾；国外分布于孟加拉国、不丹、柬埔寨、印度、印度尼西亚、日本、马来西亚、缅甸、巴布亚新几内亚、菲律宾、新加坡、斯里兰卡、泰国和越南。

壁虎科 Gekkonidae，蜥虎属 *Hemidactylus*
中国评估等级：无危（LC）
世界自然保护联盟（IUCN）评估等级：无危（LC）

蝎尾蜥虎
Hemidactylus platyurus

吻钝圆，吻长约为眼径的两倍，吻粒鳞稍大；体背被小粒鳞，体侧被粒鳞皮褶，除四肢腹面及上臂背面和大腿前缘为覆瓦状鳞，其余为粒鳞，后肢后缘有宽而呈三角形的皮褶；尾呈扁披针形，尾部两侧有栉状缘，尾背面为覆瓦状小鳞，尾腹面为覆瓦状鳞，中央具1列横向扩大的鳞板。生活在海拔1250 m左右的热带地区，常见于住房及庭院中的墙缝或墙洞中。国内分布于广东、台湾、西藏；国外分布于印度、孟加拉国、尼泊尔、不丹、斯里兰卡、泰国、马来西亚、缅甸、越南、柬埔寨、巴布亚新几内亚、菲律宾、印度尼西亚、新加坡。

壁虎科 Gekkonidae，蜥虎属 *Hemidactylus*
中国评估等级：近危（NT）

锯尾蜥虎

Hemidactylus garnotii

　　体背灰棕色，有不规则褐斑，腹面淡肉色，沿尾部两侧分别具有一列锯齿状疣。栖息于房舍的墙缝及天花板上。国内分布于云南、广西、广东、台湾、海南；国外分布于印度、孟加拉国、尼泊尔、不丹、泰国、缅甸、越南、马来西亚、菲律宾、印度尼西亚。

壁虎科 Gekkonidae；蜥虎属 *Hemidactylus*
中国评估等级：无危（LC）

大壁虎
Gekko gecko

　　体形粗大，扁圆形，全身密布细小疣鳞；头大略扁，前窄后宽；颈短，颈侧无黄色腺体；四肢指、趾膨大扁平状，下方皮肤形成褶襞，吸附力很强，可在墙壁甚至垂直的玻璃上爬行；尾较长，基部粗大，末端尖细，有深浅相间的环纹，在有生命危险时，会弃尾逃生，但一段时间后又能长出一条崭新的再生尾。体色变异较大，与所栖息环境有关。生活于海拔250～600 m的热带、亚热带地区，常见于树上、石灰岩洞中或居民房舍的缝隙洞穴里。夜间捕食昆虫，也吃其他小型蜥蜴、蛇及小鸟等动物。国内分布于福建、香港、广东、广西、贵州、台湾、云南；国外分布于孟加拉国、印度、尼泊尔、不丹、缅甸、泰国、柬埔寨、老挝、越南、马来西亚、菲律宾、印度尼西亚。

壁虎科 Gekkonidae，壁虎属 *Gekko*
中国保护等级：Ⅱ级
中国评估等级：极危（CR）
世界自然保护联盟（IUCN）评估等级：无危（LC）

大壁虎 *Gekko gecko*

黑疣大壁虎（灰斑蛤蚧）
Gekko reevesii

　　与大壁虎相似，身体长圆形；头部较大，呈扁平三角形，吻钝圆。皮肤粗糙，有颗粒状细鳞，喉区粒鳞较小，鼻间鳞较大，腹部鳞片呈瓦片状，尾背鳞片平滑且具环纹。雄性颈部较雌性的稍粗短，后肢股部腹面有一排鳞，鳞上有圆形股孔，雌性没有股孔或不明显。生活于海拔250～600 m的热带、亚热带石灰岩地区，白天躲于岩洞缝隙里、夜间活动。主要捕食昆虫。国内分布于广西；国外分布于越南。

壁虎科 Gekkonidae，壁虎属 *Gekko*
中国评估等级：极危（CR）

中国壁虎
Gekko chinensis

吻端钝圆、颈短；前后四肢贴体时指、趾相交；尾扁圆形，尾基膨大，末端尖细。体背面密布小疣鳞，其间布有许多椭圆形稍大疣鳞；体腹面有光滑的圆形疣鳞；尾腹面具有覆瓦状排列的大鳞片，中部有横行扩大的疣鳞。尾易断，借以逃避敌害。生活于房屋墙壁及岩石穴周围。主要捕食昆虫。我国特有种，分布于福建、香港、广东、广西、海南、云南、四川。

壁虎科 Gekkonidae，壁虎属 *Gekko*
中国评估等级：无危（LC）
世界自然保护联盟（IUCN）评估等级：无危（LC）

绿春壁虎 新种
Gekko lvchunensis sp. nov.

体扁宽，尾长大于体长；头大而扁，头顶平，吻端圆形；颈短；四肢前后贴体时相交；指、趾间具基蹼；尾扁，末端尖细，会卷曲。整个身体的背面被细小鳞片，腹面有扁平疣，尾部腹面扁平。体背及四肢背面为黄褐色，密布着黑褐色斑点，并具有浅黄色横斑；腹面黄色，有褐色云斑；尾背为黄褐色，有黑色斑块。生活于海拔600 m的山区地带，常见于房屋墙壁上，夜晚捕食昆虫。已知仅分布于我国云南。本新种的分类地位和系统关系仍在进一步研究中，在此暂归于壁虎属。

壁虎科 Gekkonidae，壁虎属 *Gekko*

102

多疣壁虎
Gekko japonicus

　　体较细；吻端圆形，眼大；颈短，颈侧有1对腺体；四肢贴体时相交较多；指、趾间无蹼；尾扁圆形，基部膨大，尾端尖。体背面被以细鳞，头背有少许较大疣鳞，体背及四肢和尾部有均匀分布的粗疣鳞；体腹面具有扁平疣鳞。生活于海拔850～2030 m的山区，常见于房屋墙壁及其缝隙中，夜晚捕食昆虫。国内分布于山西、陕西、甘肃、四川、贵州、湖北、安徽、江苏、浙江、江西、湖南、福建、海南、广东、云南、台湾；国外分布于日本。

壁虎科 Gekkonidae，壁虎属 *Gekko*
中国评估等级：无危（LC）
世界自然保护联盟（IUCN）评估等级：无危（LC）

蹼趾壁虎
Gekko subpalmatus

　　体扁宽，尾长为全长的一半；头大而扁，头顶平，吻端圆形；颈短，颈两侧黄色腺体不明显；四肢前后贴体时相交；指、趾间具基蹼；尾基膨大，扁圆形，末端尖细。整个身体的背面被细小鳞片，腹面有扁平疣和小疣。体背及四肢背面为黄灰色，密布着黑褐色斑点；腹面黄色，有褐色云斑；尾背为黄褐色，有黑色斑块。生活于海拔600 m的山区地带，常见于房屋墙壁上，夜晚捕食昆虫。中国特有种，分布于四川、浙江、江西、福建、香港、广东、广西、贵州、云南。

壁虎科 Gekkonidae，壁虎属 *Gekko*
中国评估等级：无危（LC）
世界自然保护联盟（IUCN）评估等级：无危（LC）

河口壁虎 新种
Gekko hekouensis sp. nov.

体形较大、体较扁平、尾长大于头体长。吻端钝圆；前后四肢贴体时指、趾相交；尾扁圆形、尾末端尖细。体背正中有明显较宽和长的黄色纵纹。生活于房屋墙壁及岩石穴周围。主要捕食昆虫。已知分布于我国云南。

壁虎科 Gekkonidae，壁虎属 *Gekko*

105

麻栗坡壁虎 新种
Gekko malipoensis sp. nov.

　　体形较大、体较扁平，吻端钝圆、颈短；前后四肢贴体时指、趾相交；尾扁圆形，尾基膨大；尾易断、借以逃避敌害。体背正中有菱形浅黄色斑纹。生活于房屋墙壁及岩石穴周围。主要捕食昆虫。已知分布于我国云南。

壁虎科 Gekkonidae，壁虎属 *Gekko*

版纳伞虎
Ptychozoon bannaense

　　头背有明显的黑色标记，在额区有横向波纹，从顶部延伸至枕部；背部浅棕至灰白色，躯干间有4条黑色条纹，第一、二条呈"U"形起伏，第三条则近似"X"形，位于后肢前端的体背部；尾背面和腹侧面有6条横纹；在头、身体、尾部的腹侧面分散有细小的黑色斑块，四肢的黑色斑块更加密集，指、趾下瓣灰白至浅黄。栖息于热带雨林中的乔木枝干上。我国特有种，仅分布于云南。

壁虎科 Gekkonidae，伞虎属 *Ptychozoon*
中国评估等级：无危（LC）
世界自然保护联盟（IUCN）评估等级：数据缺乏（DD）

铜蜓蜥
Sphenomorphus indicus

　　头部楔形，吻端圆形；颈短粗；体背面古铜色，背中央有一条断断续续的黑纹；体侧有一条宽黑褐色纵带；四肢前后贴体相交；尾圆形，尾末端尖细，易断。通体被圆形覆瓦状排列的鳞片。生活于海拔1000～2100 m的山区、坝区的农耕地附近，在人行道或荒丘小径等草丛中捕食昆虫。国内分布于安徽、福建、甘肃、广东、广西、贵州、海南、河南、湖南、江苏、陕西、西藏、四川、台湾、浙江、云南；国外分布于尼泊尔、不丹、缅甸、泰国、越南、柬埔寨、印度、印度尼西亚、马来西亚和老挝。

石龙子科 Scincidae，蜓蜥属 *Sphenomorphus*
中国评估等级：无危（LC）

109

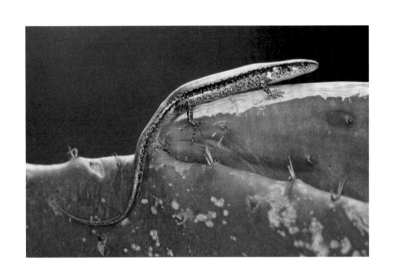

股鳞蜓蜥
Sphenomorphus incognitus

　　通体灰棕色，具有密集的黑点；吻端钝圆；身体两侧由吻部经眼延伸至尾基附近有一深黑色的纵带；腹面白色；后肢股外侧各有一团大鳞、尾内无尾椎，易断，基部粗壮。主要生活于杂草地或砾石与杂草交错地。国内分布于云南、福建、广西、湖北、海南、台湾；国外分布于越南。

石龙子科 Scincidae，蜓蜥属 *Sphenomorphus*
中国评估等级：近危（NT）
世界自然保护联盟（IUCN）评估等级：无危（LC）

斑蜓蜥
Sphenomorphus maculatus

头楔形，下颌有1对黄色腺体；颈短；前后肢贴体相向，指、趾相交；尾基膨大，末端尖细。全身由覆瓦状排列的圆形鳞片覆盖，颈侧及四肢背面、体侧鳞片较小。生活于海拔450～1300m地区的树林下层。国内分布于西藏、云南；国外分布于印度、孟加拉国、缅甸、柬埔寨、泰国、越南、马来西亚。

石龙子科 Scincidae，蜓蜥属 *Sphenomorphus*
中国评估等级：无危（LC）

蓝尾石龙子
Plestiodon elegans

体长10～12 cm，体黑色；从吻端到尾基部缀有金色的长条纹；前后肢贴体相向，指、趾相交；尾长，末端尖细，呈鲜艳的蓝绿色或铁青色。体背、腹部及四肢腹面鳞片大于其他部位的鳞片；体背鳞片光滑，覆瓦状排列；股后鳞片较后肢其余部位大。栖息在山区道路旁的杂草丛中及石缝中，也在农田中觅食昆虫。国内分布于云南、安徽、福建、贵州、广东、广西、河南、湖北、湖南、江苏、江西、四川、台湾、浙江；国外分布于越南、日本。

石龙子科 Scincidae，石龙子属 *Plestiodon*
中国评估等级：无危（LC）
世界自然保护联盟（IUCN）评估等级：无危（LC）

113

蓝尾石龙子 *Plestiodon elegans*

中国石龙子
Plestiodon chinensis

体长21~31 cm，体较粗壮，头部楔形，颈短而粗；身体有5条浅色纵纹，背中部1条，在头部不分叉，侧纹由断续斑点缀连而成，背面和腹面散布浅色斑点，颈侧及体侧红棕色；前后肢贴体相向，指、趾相交；尾圆形，基部粗大。体背、腹、四肢腹面及尾背面鳞片均为圆鳞，呈覆瓦状排列。白天活动，在较为平坦的路旁、田间、土埂或石块间伺机捕食，主要以昆虫为食，亦吃小蛙、蝌蚪、蚯蚓、蜗牛等，偶尔也会摄取植物茎叶。国内分布于山东、上海、江苏、浙江、安徽、福建、台湾、江西、湖北、湖南、广东、香港、海南、四川、广西、重庆、贵州、云南；国外分布于越南。

石龙子科 Scincidae，石龙子属 *Plestiodon*
中国评估等级：无危（LC）
世界自然保护联盟（IUCN）评估等级：无危（LC）

多线南蜥
Eutropis multifasciata

　　体形较大，体长8～12 cm，尾长15～18 cm；头部楔形、颈长而粗，后肢较粗，尾呈圆锥形，尾后半部略扁。体、尾、四肢、背部为橄榄棕色或棕色，杂有黑色斑点，断续或缀连成行；体侧色深，从眼后至尾基部有灰色纵纹；生殖季节雄性体侧为土红色或橘黄色。通体覆盖覆瓦状排列的圆形鳞片。栖息于海拔450～1000 m的热带或亚热带地区，见于草地、枯树堆中，晴天或雨后活动频繁。国内分布于云南、海南和台湾；国外分布于印度、泰国、缅甸、老挝、柬埔寨、越南、马来西亚、印度尼西亚、菲律宾。

石龙子科 Scincidae，南蜥属 *Eutropis*
中国评估等级：无危（LC）
世界自然保护联盟（IUCN）评估等级：无危（LC）

117

长尾南蜥
Eutropis longicaudata

　　体粗，通体被鳞。头部楔形，吻较窄，吻端钝圆形，舌前端分叉；颈粗而短；前后四肢贴体相交，后肢比前肢粗，前肢贴体前伸可达眼前，指、趾间无蹼；尾长而圆，尾基部粗扁，末端细。主要栖息于岩石上、杂草丛中、人类住宅堆积物中或其附近。国内分布于台湾、广东、香港、海南、云南；国外分布于马来西亚、泰国、老挝和越南。

石龙子科 Scincidae，南蜥属 *Eutropis*
中国评估等级：无危（LC）
世界自然保护联盟（IUCN）评估等级：无危（LC）

秦岭滑蜥
Scincella tsinlingensis

　　体细长，全身被鳞；吻短，吻端钝圆，下眼睑具一扁圆形透明睑窗；尾圆柱形，向末端渐细。体色灰暗，头部黄棕色，体侧下部和腹面灰绿褐色，杂有粗大的黑褐色斑点；四肢背面深褐色，腹面浅灰；指、趾末端浅棕色；尾背灰褐色，尾尖棕绿色。栖息于海拔较高和树林较多的山区，白天在路边杂草中、斜坡上被火烧焦的荒草或余灰中，或晒干的草皮下以及乱石堆等处活动。受惊后逃往坡下或躲入草皮下和杂草中。我国特有种，分布于四川、甘肃、宁夏、陕西。

石龙子科 Scincidae，滑蜥属 *Scincella*
中国评估等级：无危（LC）
世界自然保护联盟（IUCN）评估等级：无危（LC）

119

长肢滑蜥
Scincella doriae

　　头部呈楔形，吻端圆钝；颈较长，黄色腺体不明显；四肢长，前后肢贴体时相遇；尾呈长圆锥体。体背由圆形覆瓦状排列的鳞片覆盖，体背及尾腹鳞片较大，有由鳞片构成的背中线及侧纵纹，侧纵纹上缘波状；肛前有1对大鳞。生活于海拔640～2150 m的山区和半山区地带以及房屋周围。国内分布于云南、四川；国外分布于越南、缅甸和泰国。

石龙子科 Scincidae，滑蜥属 *Scincella*
中国评估等级：无危（LC）
世界自然保护联盟（IUCN）评估等级：无危（LC）

山滑蜥
Scincella monticola

　　体细长而略扁，通体为覆瓦状排列的圆形鳞片覆盖，鳞片光滑；头部较短，呈楔形，吻端钝圆形；颈粗短；背部浅棕色，有4～5条深色纵纹，体侧各有1条古铜色纵纹；腹面白色；四肢粗短，前后肢贴体不相交而相距甚远；尾呈圆锥体。栖息于海拔3200～3300 m山区草坡或溪流边的石头、朽木下以及落叶或草丛中。捕食昆虫。国内分布于云南、四川、陕西；国外分布于越南。

石龙子科 Scincidae，滑蜥属 *Scincella*
中国评估等级：无危（LC）
世界自然保护联盟（IUCN）评估等级：无危（LC）

昆明滑蜥
Scincella barbouri

　　体灰褐色；背侧纵纹暗褐色，自吻端经鼻孔沿体侧延伸至尾部末端，此纵纹上缘镶有白边，左右前额鳞仅相接触；耳孔与眼径大小相近，呈窄椭圆形；背鳞约大于背侧鳞片，有1行约70枚纵鳞排列于背中线。生活于海拔1500～2800 m的山区地带，见于山地草丛中。我国特有种，分布于云南。

石龙子科 Scincidae，滑蜥属 *Scincella*
中国评估等级：近危（NT）
世界自然保护联盟（IUCN）评估等级：无危（LC）

缅甸棱蜥
Tropidophorus berdmorei

　　体粗而侧扁，头部呈楔形，吻钝圆形，舌呈楔形且前端不分叉；颈细长；四肢较强壮，前、后肢贴体相向时仅相遇，指、趾间无蹼；尾长而前部平扁，后端侧扁。通身鳞片均光滑，腹鳞大于背鳞。生活于海拔1300 m 左右的山区地带，常生活于草坡附近的水域，在水中能潜伏一段时间。国内分布于云南；国外分布于缅甸、泰国和越南。

石龙子科 Scincidae，棱蜥属 *Tropidophorus*
中国评估等级：无危（LC）
世界自然保护联盟（IUCN）评估等级：无危（LC）

127

北草蜥
Takydromus septentrionalis

　　体细长，吻端稍钝窄长，顶眼清晰可见，耳孔大；四肢发达，贴体相向时彼此达对方掌部；尾为体长的两倍以上，易自截。头顶具对称排列的大鳞，背部起棱大鳞排成纵行，腹部大鳞近方形。体背绿褐色，腹面灰白色，体侧下方绿色。我国特有种，分布于河南、陕西、甘肃、江苏、安徽、湖北、四川、重庆、浙江、福建、江西、广东、广西、湖南、贵州、云南。

蜥蜴科 Lacertidae，草蜥属 *Takydromus*
中国评估等级：无危（LC）
世界自然保护联盟（IUCN）评估等级：无危（LC）

南草蜥
Takydromus sexlineatus

　　体形细长，头楔形，吻较窄，吻端钝圆形，舌前端分叉；颈短；前后四肢贴体相交时前肢可伸达吻端，指、趾间无蹼；尾长而圆，基部粗，末端细。背、腹、四肢背面、尾背和尾腹鳞片大，体侧鳞片细小。生活于海拔180～1620 m的平原、山地草丛或树林下，行动迅速，主要捕食昆虫。国内分布于云南、贵州、福建、广东、海南、广西；国外分布于泰国、老挝、柬埔寨、越南、缅甸、马来西亚和印度尼西亚。

蜥蜴科 Lacertidae，草蜥属 *Takydromus*
中国评估等级：无危（LC）
世界自然保护联盟（IUCN）评估等级：无危（LC）

130

南草蜥 *Takydromus sexlineatus*

峨眉草蜥
Takydromus intermedius

　　吻端尖圆，吻棱宽大于高；体背大鳞6纵行，覆瓦状排列，中央两行间有1～2行纵列小鳞；腹鳞6纵行，排列成覆瓦状；四肢弱，前后肢贴体相向，指、趾细长，基部侧扁，呈弓形，末端具爪；股前侧被大鳞，后侧被粒鳞。常见于落叶、乱草堆或草丛中，主食昆虫。我国特有种，分布于四川、重庆、云南、贵州。

蜥蜴科 Lacertidae，草蜥属 *Takydromus*
中国评估等级：近危（NT）
世界自然保护联盟（IUCN）评估等级：无危（LC）

136

脆蛇蜥
Dopasia harti

全身细长，尾长约为头体长的1.5倍，无四肢；头、颈无区分，头顶有规则的大鳞片；体侧纵沟间鳞16～18行，除最外的两行外均起棱；体背面浅褐色或灰褐色，侧面有一暗褐色纵线，雄体背面有若干镶黑边的蓝绿色点斑；腹面全白或尾背腹面具棕色斑点。生活在山地草丛或岩石缝隙，或隐伏在疏松土壤里。营穴居生活，黄昏后外出活动觅食，以蠕虫、蜗牛及昆虫等为食。国内分布于江苏、浙江、福建、台湾、湖南、广西、四川、贵州、云南；国外分布于越南。

蛇蜥科 Anguidae，脆蛇蜥属 *Dopasia*
中国评估等级：濒危（EN）
世界自然保护联盟（IUCN）评估等级：无危（LC）

脆蛇蜥 *Dopasia harti*

细脆蛇蜥
Dopasia gracilis

体形细长如蛇，四肢完全退化，尾长约为头体长的2倍；头、颈无明显区别；体侧有纵沟。体色鲜艳，体背棕褐色；雄性有长短不一、闪金属光泽的翡翠色横斑或点斑；腹面灰白色。在受惊时，尾部可自断为数节，起到迷惑天敌而逃生的作用。栖息于海拔1000～1850 m的山区，常见于山坡旱地、石坎、树根及倒伏枯树下的缝隙中或浅水洼中；白天隐藏，夜间活动觅食。行动如蛇，靠身体左右摆动前进。以蛞蝓、蜗牛、蚯蚓及昆虫等为食。国内分布于广西、四川、贵州、云南、西藏；国外分布于印度、尼泊尔、缅甸、印度尼西亚、泰国和越南。

蛇蜥科 Anguidae，脆蛇蜥属 *Dopasia*
中国评估等级：濒危（EN）

140

鳄蜥
Shinisaurus crocodilurus

外形略似鳄鱼，故名鳄蜥；躯干粗壮，指、趾具尖锐而弯曲的爪，尾长。头侧有由眼周发出的多条深色辐射纹，体背棕色，体背和尾部有十几条深色宽纹，体侧有颗粒状细鳞和粉红斑；尾背上方有两行明显的棱鳞形成脊棱。成年雄性头胸部腹面鲜红色或浅蓝色，雌性为浅黄色或淡红色。栖息于山地溪流，半水栖型。以昆虫、蝌蚪、小鱼或蚯蚓为食。国内分布于贵州、湖南、广西、广东；国外分布于越南。

鳄蜥科 Shinisauridae，鳄蜥属 *Shinisaurus*
中国保护等级：Ⅰ级
中国评估等级：极危（CR）
世界自然保护联盟（IUCN）评估等级：濒危（EN）
濒危野生动植物种国际贸易公约（CITES）：附录Ⅰ

141

伊江巨蜥
Varanus irrawadicus

　　体形较大，全长可达1.2 m以上；头部长而狭窄，吻部略尖而扁平，鼻孔位于眼与吻端的中间；颈部较长，头部转向自如；四肢较短，尾侧扁。体背面黑褐色，密布黄色斑点，喉部和腹面淡黄色，有不规则的黑褐色斑纹和点斑。生活在干燥的热带阔叶林区或村寨附近林区。主要以小动物和腐烂的尸体为食。在国内仅分布于云南；国外广泛分布于印度半岛、中南半岛、印度尼西亚的苏门答腊及爪哇岛。

巨蜥科 Varanidae，巨蜥属 *Varanus*
中国保护等级：Ⅰ级
中国评估等级：极危（CR）
世界自然保护联盟（IUCN）评估等级：无危（LC）
濒危野生动植物种国际贸易公约（CITES）：附录Ⅰ

圆鼻巨蜥
Varanus salvator

　　我国现存蜥蜴类中体形最大的，体长可达2 m以上，尾长约为头体长的1.5倍；头小，吻端尖圆，鼻孔椭圆形，位于吻端；眼大；颈部较长；指、趾长有利爪，故又称"五爪金龙"；尾长而侧扁，有乳黄色与乌黑色相间的环形斑。通体背面黑色，杂以浅黄色圆形斑，腹面为乳黄色。生活在热带、亚热带低海拔的次生森林、河谷盆地树丛和草丛环境中，在山溪旁过着穴居生活，既可上树，又能游泳。以鼠、蛇、鸡等或腐烂的哺乳动物尸体为食。国内分布于香港、广东、广西、海南、云南；国外分布于孟加拉国、柬埔寨、印度、印度尼西亚、老挝、马来西亚、缅甸、新加坡、斯里兰卡、泰国和越南。

巨蜥科 Varanidae，巨蜥属 *Varanus*
中国保护等级：Ⅰ级
中国评估等级：极危（CR）
世界自然保护联盟（IUCN）评估等级：无危（LC）
濒危野生动植物种国际贸易公约（CITES）：附录Ⅱ

圆鼻巨蜥 *Varanus salvator*

斑飞蜥
Draco maculatus

体扁平，头长，吻扁，吻端钝圆，鼓膜被鳞，眼睑周围有一圈大而略突起的鳞，喉囊褶较大，尤其是雄性的；体两侧有5对肋骨延伸支持皮膜构成的翼膜；雌性尾基平扁，雄性膨大；四肢扁平细弱，前肢前伸超过吻端，后肢股与胫间有皮膜相连而不能伸直；尾细长。体背灰棕、青铜或浅黑褐色，有短黑斑纹，躯干有3～5条横纹，翼膜背面为橘红色并带有黄绿色，散有不规则黑斑，翼膜腹面浅黄色，有不规则斑点；腹面灰白色或黄白色，有黑细点；尾背有土红色与黑色相间的横斑。生活于热带森林的大型乔木上、行动敏捷，能沿树干上爬，借翼膜从高处向下滑翔。栖息于树洞中，捕食昆虫。国内分布于西藏、云南、广西、海南；国外分布于柬埔寨、印度、老挝、马来西亚、缅甸、泰国和越南。

鬣蜥科 Agamidae，飞蜥属 *Draco*
中国评估等级：无危（LC）
世界自然保护联盟（IUCN）评估等级：无危（LC）

裸耳飞蜥
Draco blanfordii

　　头背鳞片大小不一，棱明显，前额由扩大的鳞片排成倒"V"形棱脊，鼻孔开向头背上方，鼓膜显露；雄蜥有颈褶；体侧有5条延长的肋骨支撑的翼状皮膜；腹鳞较大，起棱显著；四肢细弱，后肢贴体前伸最长趾达腋部；尾细长。生活于热带雨林中乔木上，多在较光滑的树干或较大的树枝上活动，能凭借其翼膜滑翔。国内分布于云南；国外分布于泰国、马来西亚、缅甸、印度和孟加拉国。

鬣蜥科 Agamidae，飞蜥属 *Draco*
中国评估等级：无危（LC）
世界自然保护联盟（IUCN）评估等级：无危（LC）

151

长鬣蜥
Physignathus cocincinus

　　体形较大，全长可达60 cm；头部呈带四棱的楔形状，颊部略内陷，眼大，鼓膜裸露不下陷；自颈部沿背脊中央至尾部中段有一行极发达的鬣鳞，俗称为"马鬃蛇"；四肢强壮，尾部极为侧扁。全身背部暗绿色，腋部橘黄色，尾部有棕色和灰白色相间的环纹；体色可随周围环境及光线强弱而改变，因此又被称为"变色龙"。生活在热带雨林和季雨林边缘的河流及水沟边的林木、灌丛或岩石上，尤其喜欢在水塘、水田周边的小树上活动或午睡，善于游泳，爬行迅速。以鱼、虾、昆虫、蜗牛等为食。国内分布于云南、广东、广西；国外分布于泰国、印度尼西亚、越南、柬埔寨。

鬣蜥科 Agamidae，长鬣蜥属 *Physignathus*
中国评估等级：濒危（EN）
世界自然保护联盟（IUCN）评估等级：易危（VU）

152

拉萨岩蜥
Laudakia sacra

　　体形较大，体长12～22 cm；体扁平，头略呈三角形，脊鳞排列成纵行，不斜向中线；背面部分鳞片黑褐色；体侧小鳞间无大鳞。一般生活于海拔3000～4100 m的多砾石山地。我国特有种，分布于西藏。

鬣蜥科 Agamidae，岩蜥属 *Laudakia*
中国评估等级：近危（NT）
世界自然保护联盟（IUCN）评估等级：无危（LC）

吴氏岩蜥
Laudakia wui

　　体较壮，背腹扁平；头略呈三角形，鼻孔较大卵圆形，鼓膜近圆形，无喉囊；有明显的肩褶，肩褶前端有1～2枚略大的刺鳞，颈背中线有一行明显的刺鳞，从肩部沿体侧到胯部有一连续的皮肤褶；四肢背面被覆起棱鳞片，上臂外侧鳞棱尤强，股后缘细鳞间杂以刺鳞；尾圆柱形，基部较扁平。头背灰褐色无斑，颌缘浅绿色；背部黑褐色，颈部至尾基部约有9条浅绿色横纹；四肢及尾的前半段为浅绿色，腹面浅褐色。常栖息于多砾石的山区。我国特有种，分布于西藏。

鬣蜥科 Agamidae，岩蜥属 *Laudakia*
中国评估等级：近危（NT）
世界自然保护联盟（IUCN）评估等级：无危（LC）

156

西藏岩蜥
Laudakia papenfussi

　　体较壮，头略呈三角形，背腹扁平；体背及体侧分散有多数较小浅色点斑，点斑由普通小鳞片构成，体背及体侧分散的较大的锥鳞都不在浅色点斑处。生活于海拔3000 m左右的河谷，常见于山地岩石堆上，日间活动。我国特有种，分布于西藏。

鬣蜥科 Agamidae，岩蜥属 *Laudakia*
中国评估等级：数据缺乏（DD）
世界自然保护联盟（IUCN）评估等级：无危（LC）

草绿龙蜥
Diploderma flaviceps

　　头长而窄，吻棱明显，头顶鳞片具棱，鼓膜被鳞，枕部有一鳞丛，雄性颈鬣较雌性发达，繁殖季节雄蜥有发达的三角形喉囊；肩褶发达具棱小鳞；背鳞覆瓦状排列，棱明显，有扩大的鳞片在背侧排成纵行；四肢较强，被以强棱，后肢贴体前伸。体色灰褐色为底，花纹为绿色或黄绿色。生活于农田附近的小树、灌丛上，喜食蜜蜂等昆虫。我国特有种，分布于四川、湖北。

鬣蜥科 Agamidae，龙蜥属 *Diploderma*
中国评估等级：无危（LC）
世界自然保护联盟（IUCN）评估等级：无危（LC）

沙坝龙蜥
Diploderma chapaense

    体形中等，全长约68 cm，尾细长。颈鬣鳞片较大，无喉褶，鼓膜被鳞，腹外侧鳞片扩大且不规则分布；背外侧有锯齿状条纹。雌雄色斑不同。生活于海拔1500～2000 m的热带林区灌丛中，常见于森林边缘的水流旁。国内分布于云南；国外分布于越南。

鬣蜥科 Agamidae，龙蜥属 *Diploderma*
世界自然保护联盟（IUCN）评估等级：数据缺乏（DD）

163

翡翠龙蜥
Diploderma iadinum

　　头绿色，有喉囊，喉褶明显，雄性的喉斑蓝色，雌性的喉斑黄绿色，鼓膜被细鳞；眼四周辐射出9条黑色条纹，延伸至上唇鳞，条纹后段加粗；头部背侧面有4条黑色的宽横带。体侧、背部外侧、四肢呈鲜绿色，背体侧散有黑色网状图纹；腹部蓝白色；雄性体色翡翠绿色，背鬣不发达；雌性为淡黄色。我国特有种，分布于云南西北部。

鬣蜥科 Agamidae，龙蜥属 *Diploderma*
中国评估等级：无危（LC）
世界自然保护联盟（IUCN）评估等级：近危（NT）

翡翠龙蜥 *Diploderma iadinum*

168

昆明龙蜥
Diploderma varcoae

　　小型蜥蜴，头被大小不等的棱鳞，背面平坦，前额微凹，雄蜥尤甚，中部略微隆起，吻端钝圆形，吻棱与眼睑脊相连呈刃状，颊部明显下凹，无喉褶，鼓膜裸露，小而略圆；颈鬣较发达，与背鬣相连；肩褶显著，背侧鳞和腹鳞起棱；四肢被棱鳞，指、趾具锐爪，后肢贴体前伸时最长趾端达颈与鼓膜之间；尾基部膨大呈圆形，其后略侧扁，鳞片起棱。生活在海拔1600～2200 m的山区稀树草坡上，以昆虫为食。我国特有种，分布于贵州、云南。

鬣蜥科 Agamidae，龙蜥属 *Diploderma*
中国评估等级：无危（LC）
世界自然保护联盟（IUCN）评估等级：无危（LC）

丽纹龙蜥
Diploderma splendidum

头大，扁平，被鳞片，吻棱刃状与眼睫脊相连，眼眶与鼓膜间有3～4枚较大的棱鳞，颈鬣7～9枚；肩褶细弱，微弯曲，与较发达的喉褶相连；背鳞的棱鳞排列呈纵行；腹鳞起棱显著；四肢发达，指、趾细长，后肢贴体前伸时最长趾达鼓膜、眼之中部；尾长为体长的2倍以上，被起棱鳞片。我国特有种，分布于重庆、四川、贵州。

鬣蜥科 Agamidae，龙蜥属 *Diploderma*
中国评估等级：无危（LC）

170

察瓦洛龙蜥 新种
Diploderma chawaluoense sp. nov.

与丽纹攀蜥相近，但体形较小，颈部正中脊鳞较弱。
雄性体背侧具有浅黄绿色宽纵纹，背脊中央棕色并具有深
色横纹，喉部蓝色。已知分布于我国西藏和云南交界的怒
江干暖河谷。

鬣蜥科 Agamidae；龙蜥属 *Diploderma*

171

裸耳龙蜥
Diploderma dymondi

体略侧扁，头顶较平，前额鳞排成"Y"或"V"形，吻部呈四棱锥形，吻棱与眼睑棱相连呈刃状，颊部凹陷，颞部隆起，眼后与鼓膜间有4～5枚较大棱鳞排成一纵行，鼓膜裸露，喉褶显著，被小鳞，肩褶与喉褶相连；颈鬣7～9枚较发达，背鬣低矮，呈锯齿状；背鳞大小不一，靠近背脊两侧的鳞排成纵行；腹鳞大于背鳞，具强棱；四肢强壮，被棱鳞，后肢贴体前伸最长趾端部达眼眶、鼓膜之间；尾长，被大棱鳞。生活于海拔1350～2500 m的岩石缝穴中，日出后，常出没在陡峭的石壁上。我国特有种，分布于云南、四川。

鬣蜥科 Agamidae，龙蜥属 *Diploderma*
中国评估等级：无危（LC）
世界自然保护联盟（IUCN）评估等级：无危（LC）

条纹龙蜥
Diploderma fasciatum

头长为宽的1.5倍；吻端钝圆形，吻棱刃状与眼睑脊相连、无喉褶；肩褶明显、颈鬣与背鬣相连，但背鬣低矮；背侧鳞片起微棱，脊侧大鳞排成纵列；腹鳞起强棱；四肢较细弱，指、趾侧扁，后肢贴体向前，最长趾达颈、眼之间；尾基部较圆，往后逐渐侧扁，鳞片起棱。栖息于山区森林的树上，白天在树枝上静伏不动。国内分布于广西、贵州、四川、重庆、云南；国外分布于越南。

鬣蜥科 Agamidae，龙蜥属 *Diploderma*
中国评估等级：近危（NT）
世界自然保护联盟（IUCN）评估等级：无危（LC）

长肢攀蜥
Japalura andersoniana

　　体略侧扁；头窄长，与颈区分明显，吻端钝圆，鼻孔圆形，两颊内凹，鼓膜被鳞，颞部隆起，头背鳞粗糙，枕部及眼后有锥状鳞，喉鳞具微棱；背鳞微起棱，其间起棱大鳞排成山形，背上侧鳞尖向后上方，背下侧鳞尖向后下方，腹鳞显著起棱，棱尖向后；四肢细长，背面及外侧鳞片大于背部鳞片，其间杂以大棱鳞；尾侧扁，上覆棱鳞。生活于灌木丛间。国内分布于西藏；国外分布于印度、不丹。

鬣蜥科 Agamidae，狭义攀蜥属 *Japalura*
中国评估等级：无危（LC）

175

长肢攀蜥 *Japalura andersoniana*

三棱攀蜥
Japalura tricarinata

　　体略侧扁，吻端钝圆，鼻孔圆形，吻棱明显，与上眼睑脊相连，两颊略微凹陷，鼓膜裸露，无喉褶；颈及体前部与背脊平行，向后排成弧形直至尾基部；四肢细长；尾略侧扁，末端鞭状，尾长为头体长的2倍以上。头背面鳞片粗糙，枕部后面有显著的锥状鳞，头腹面鳞片平滑，向后逐渐起棱；背鳞起棱，上部鳞尖向后上方，下部鳞尖直向后；背脊起棱大鳞排成5个"V"形斑，尖端向后方；腹鳞明显起棱，排列整齐。生活于樟树林山区的草丛中。国内分布于西藏；国外分布于印度、尼泊尔。

鬣蜥科 Agamidae，狭义攀蜥属 *Japalura*
中国评估等级：易危（VU）
世界自然保护联盟（IUCN）评估等级：无危（LC）

云南龙蜥

Diploderma yunnanense

　　体略侧扁；吻端钝圆，颊部凹陷，鼓膜被鳞，鼓膜与颈鬣间有鳞团，咽喉鳞片小于腹鳞；背鳞小、起棱，其间杂以分散的大鳞；腹鳞起棱明显；四肢较细弱，被覆起棱鳞片，后肢贴体前伸时最长趾尖端达眼和鼓膜之间；尾略侧扁。栖息于海拔2100 m左右的中山地带，生活在森林边缘或路边，经常藏匿在岩石间。国内分布于云南；国外分布于缅甸。

鬣蜥科 Agamidae，龙蜥属 *Diploderma*
中国评估等级：无危（LC）
世界自然保护联盟（IUCN）评估等级：无危（LC）

云南龙蜥 *Diploderma yunnanense*

184

贡山龙蜥
Diploderma slowinskii

　　头部鳞片边缘大部分为黑色，两侧鬣鳞外侧有灰蓝色条纹，鼻子与吻鳞为褐色或灰褐色，从头后部向旁边延伸至眼眶和鼓膜、下巴至咽喉部分为乳白色；上臂至指为绿色，大腿上侧灰绿色，膝以下、趾背面为褐色；腹部颜色接近浅蓝色，中央有乳白色条纹，侧面的上肢也呈乳白色，而下肢则颜色更深；尾褐色有深色条纹，侧面光滑。生活于海拔1130～2500 m的农田、灌木、次生林区域。我国特有种，分布于云南西北部。

鬣蜥科 Agamidae，龙蜥属 *Diploderma*

185

帆背龙蜥

Diploderma vela

　　头背侧面黑色，杂有3条狭窄清晰的淡灰色横纹，1条似"M"形位于鼻孔间，另2条位于两眼间，近似"X"形；下唇鳞与上唇鳞以短的黑色条带对齐，下巴、喉咙白色，其间杂有略与体中线成一定角度的黑色迂回状条带。体背和体侧黑色，体背有7条狭窄的黄色条纹，体侧的腋胯附近有中小型的黄色斑点；尾黑褐色，至尾末梢颜色逐渐淡化，有横纹。生活于海拔2300 m左右的澜沧江山谷地区。我国特有种，分布于西藏、云南。

鬣蜥科 Agamidae，龙蜥属 *Diploderma*
世界自然保护联盟（IUCN）评估等级：无危（LC）

滑腹龙蜥
Diploderma laeviventre

　　小型蜥蜴，头体长雄性6.7～7.2 cm，雌性6.4～7 cm；头较长而扁平，眼周有辐射状条纹，鼓膜隐蔽；喉部有横向喉褶，喉囊显著；颈部正中略隆起成较浅的皮肤褶，雄性背脊隆起，不形成明显的皮肤褶；后肢适中；尾长中等，有肛前窝和股窝。头背面、侧面和腹面，以及前肢背面和身体侧面有黑色斑点；喉部有三角形的小橘黄色斑；雄性背脊正中线具有深棕色的"M"形斑纹，背侧白色并有边缘齐整的浅黄色纹；雌性体背侧棕灰色；雄性尾黄绿色，雌性尾棕色。分布于我国西藏和云南交界地带。

鬣蜥科 Agamidae，龙蜥属 *Diploderma*
世界自然保护联盟（IUCN）评估等级：无危（LC）

霞若龙蜥 新种
Diploderma xiaruoense sp. nov.

　　与帆背攀蜥相似，但头背侧面非黑色，体背和体侧非黑色，体背有6条黑色近三角形斑纹；尾棕黄色直至尾末梢，有深色横纹。雄性颈部和背部全段背脊能隆起呈驼峰状，生活于海拔2500 m左右的山谷地区。我国特有种，分布于云南。

鬣蜥科 Agamidae，龙蜥属 *Diploderma*

维西龙蜥 新种
Diploderma weixiense sp. nov.

　　雄性头背和头侧深褐色，眼前和眼下区域浅白色并有3条辐射状黑纹，喉部乳白色，有黑色线纹，喉囊显蓝色，鼓膜被鳞；体背、体侧和四肢以褐色为主，体背有5个深褐色横斑，体侧有一条浅绿色纵带纹，腹侧散有绿色大鳞片，背鬃不发达；腹部白色为主，并具有乌黑色云雾状斑。雌性头背和头侧棕黄色，眼前和眼下区域浅白色，但仅有1条辐射状黑纹；体背、体侧和四肢以浅黄色或白色为主，体背两侧各有1条由5个白色大斑块连缀而成的纵带。我国特有种，分布于云南。

鬣蜥科 Agamidae，龙蜥属 *Diploderma*

兰坪龙蜥 新种
Diploderma lanpingense sp. nov.

　　体略侧扁，头顶中央下凹，鼓膜显露，喉褶显著；颈鬣呈锯齿状不发达；后肢贴体前伸最长趾端部达鼓膜，尾长。唇、下巴至咽为乳白色；两侧鬣鳞外侧有黄色或黄绿色条纹；上臂至指棕色或黑色，大腿上侧深棕色，膝以下、趾背面为深棕色，均不显绿色。雄性喉囊不显著，喉部全白色，胸腹部黄色，向后略偏白，四肢腹面白色；尾棕色有深色条纹，侧面光滑。生活于海拔2400 m的农田、灌木、次生林区域。我国特有种，分布于云南。

鬣蜥科 Agamidae，龙蜥属 *Diploderma*

191

木里龙蜥 新种
Diploderma muliense sp. nov.

头较短宽，吻棱明显，头顶鳞片具棱，鼓膜被鳞，雄蜥繁殖季节喉囊近似三角形；雄性颈鬣较雌性发达，背脊隆起明显，背鳞覆瓦状排列，起棱明显；四肢较强。体色以灰褐色为底，喉囊蓝绿色，体侧具有金黄色纵纹，并在近腹部一侧散布金黄色斑点。生活于荒坡以及小树、灌丛上。我国特有种，分布于四川、云南。

鬣蜥科 Agamidae，龙蜥属 *Diploderma*

192

巴塘龙蜥
Diploderma batangensis

　　吻端较尖，额部微凹，鼻鳞大，呈卵圆形；躯干背面被覆鳞片，呈覆瓦状排列；腹面鳞片大小近似，均起棱；四肢被覆有棱鳞，大小不等、趾、指末端具爪；尾呈圆柱形，渐细，被鳞片，均起棱。雄性头背部黑褐色，布有稀疏的黄色斑，背侧具黄色纵纹，外侧为黑褐色。生活于海拔2500～3400 m的山坡，多栖息于石堆和草丛中。我国特有种，分布于四川。

鬣蜥科 Agamidae，龙蜥属 *Diploderma*
中国评估等级：数据缺乏（DD）
世界自然保护联盟（IUCN）评估等级：无危（LC）

194

短尾龙蜥
Diploderma brevicauda

　　体侧扁，头背侧被有不规则的鳞片，吻鳞矩形，眼眶与上唇间有4行鳞片，两眼间有黄褐色条带；鼓膜被有细小的鳞片；咽喉部有浅纹，鳞片规则，较体腹侧鳞片小；背部浅褐色，四肢被鳞，上部鳞片不规则，下部鳞片均匀排列；枕骨至尾基部有类似"之"字形的斑纹。分布于海拔2700 m左右的山区地带。我国特有种，仅分布于云南西北部。

鬣蜥科 Agamidae，龙蜥属 *Diploderma*
中国评估等级：数据缺乏（DD）
世界自然保护联盟（IUCN）评估等级：无危（LC）

玉龙龙蜥
Diploderma yulongense

　　两眼间具3条交叉条纹，眼眶后有1条黑纹向嘴角延伸，头部下方有黑色条纹图案，咽喉部散有大的深色斑点；颈背部至尾基部有形态和大小不一的明显交叉条纹；体背褐色，外侧有一黑褐色条纹，其间散有很多淡斑；四肢同样具暗色条纹。生活于海拔2500 m左右的山区地带。我国特有种，仅分布于云南西北部。

鬣蜥科 Agamidae，龙蜥属 *Diploderma*
中国评估等级：数据缺乏（DD）

196

青海沙蜥
Phrynocephalus vlangalii

　　头和躯干粗扁，腹部膨大；四肢粗短，指、趾短，后肢贴体前伸达肩部或腹部；尾基部粗扁，其余部分圆柱状，向后逐渐变细，末端较钝。体棕黄或棕色，头背面眼盖上显现2条深色横纹；咽喉部有黑色斑纹或斑块；胸、腹部具大黑斑，背中线以绿黄或红棕色小点分隔，整个背面有分散浅色小圆点；腹面淡黄白色；四肢具轮廓不清的深色斑或窄波纹。栖息于海拔2000～4700 m的青藏高原荒漠和半荒漠地区的干旱沙带及镶嵌在草甸之间的沙地和丘状高地，黄土高原西缘的干草原带亦有。营穴居生活，白昼活动，在砾石、草丛、灌丛下觅食。以小型鳞翅目昆虫及其幼虫为食。我国特有种，分布于新疆、甘肃、青海和四川。

鬣蜥科 Agamidae，沙蜥属 *Phrynocephalus*
中国评估等级：无危（LC）
世界自然保护联盟（IUCN）评估等级：无危（LC）

青海沙蜥 *Phrynocephalus vlangalii*

西藏沙蜥
Phrynocephalus theobaldi

　　体短而平扁；吻尖，眼间凹陷，上、下眼睑均被粒鳞，鼻孔朝向前上方，头部背面鳞片平滑而大；体背、腹鳞光滑；四肢短小，前肢贴体前伸仅第一指不超越吻端，指、爪均短，后肢贴体前伸到达腋部、肩部或颞部；尾长为头体长的1.5倍以上。体背面灰色、浅棕色或浅蓝灰色，有两纵列浅色镶边的圆形黑斑，前胸有黑色小点；腹面连同尾下黄白色，有大型黑斑；尾梢腹面深黑色，但雌蜥腹面及尾梢的黑色较浅。生活于3000～4800 m或更高的高山荒漠。国内分布于西藏；国外分布于印度、尼泊尔。

鬣蜥科 Agamidae，沙蜥属 *Phrynocephalus*
中国评估等级：无危（LC）
世界自然保护联盟（IUCN）评估等级：无危（LC）

丽棘蜥
Acanthosaura lepidogaster

  体背腹略扁平，尾长为体长的1.5倍；头较大，头顶有起棱鳞片，枕后有锯齿状鬣鳞，眼瞳孔圆形，吻棱明显，鼓膜圆而裸露；肩褶发达，背侧鳞片间杂以较大的起强棱的鳞片，鳞尖朝后上方；背脊有较相邻鳞片大且强烈起棱的脊鬣，由前至后逐渐低矮；腹鳞起强棱；四肢强壮，被覆起棱鳞片，指、趾末端具锐爪；尾细长略侧扁，基部膨大，雄蜥尤甚。生活于热带、亚热带海拔400～1200 m的山区，常于林下地面及小型树木上活动。国内分布于云南、福建、贵州、广东、广西、海南；国外分布于柬埔寨、老挝、缅甸、泰国和越南。

鬣蜥科 Agamidae，棘蜥属 *Acanthosaura*
中国评估等级：无危（LC）
世界自然保护联盟（IUCN）评估等级：无危（LC）

丽棘蜥 *Acanthosaura lepidogaster*

巴坡树蜥
Bapocalotes bapoensis

　　体侧扁，体色鲜艳，呈浅蓝色。头部和体背部的鳞片大小不一，额顶中部下凹，鼓膜裸露，眼眶后有2枚前后排列的鳞片，鳞片大且起棱，下颌多为大的四边形鳞片；沿背脊有3个黑褐色横斑；后肢长，前肢短，四肢背面起强棱；尾部黑褐色，具浅灰色环状条纹。活动于农耕地四周的灌木、草丛及附近裸露石头上。国内分布于云南；国外见于缅甸。

鬣蜥科 Agamidae
巴坡树蜥属 新属 *Bapocalotes* gen. nov.
中国评估等级：近危（NT）
世界自然保护联盟（IUCN）评估等级：无危（LC）

巴坡树蜥 *Bapocalotes bapoensis*

白唇树蜥
Calotes mystaceus

尾长为头体长的2倍；头顶鳞片光滑或起微棱，吻棱呈刃状与眼睫棱相连，眼与鼓膜间有3～4枚较大鳞片，雄性喉囊大于雌性；颈、背鬣连贯，愈后愈小，止于尾基部上方；体侧鳞呈覆瓦状且起强棱，棱尖向后上方；腹鳞起强棱；四肢强壮，后肢贴体前伸可达鼓膜；尾粗，侧扁如鞭状，覆盖起棱鳞片。在繁殖期间或受到威胁时，头部和胸部前段会变成耀眼的蓝色。生活于海拔400～800 m的南亚热带河谷两岸的大型乔木上，以昆虫为食。国内分布于云南；国外分布于缅甸、泰国、柬埔寨、越南、老挝和印度。

鬣蜥科 Agamidae，树蜥属 *Calotes*
中国评估等级：无危（LC）

变色树蜥
Calotes versicolor

头额部稍凹陷，吻棱微隆起，与眼睫棱连成一线，鼓膜裸露，其后有一丛棘状鳞，眼、鼓膜间有4～5枚排列成一排的较大鳞片，咽部鳞片具强棱，有咽喉囊。无肩褶，颈鬣发达，与背鬣相连，愈后愈矮，呈锯齿状，至尾基部止；背鳞具强棱；四肢强壮，后肢贴体前伸，最长趾达鼓膜前后；尾较细长。生活于海拔600～1600 m的南亚热带和热带地区，常于大型乔木上活动，以昆虫为食。国内分布于云南、广东、广西、海南；国外分布于伊朗、阿富汗、巴基斯坦、尼泊尔、不丹、印度、斯里兰卡、孟加拉国、缅甸、泰国、马来西亚、越南、柬埔寨、老挝、印度尼西亚和新加坡。

鬣蜥科 Agamidae，树蜥属 *Calotes*
中国评估等级：无危（LC）

变色树蜥 *Calotes versicolor*

绿背树蜥
Calotes jerdoni

体稍侧扁，尾长为头体长的3倍以上，肩褶短而弯曲；颈背鬣发达，喉鳞起棱；四肢强壮，第4指最长；后肢贴体前伸达眼或眼后；尾鞭状，自中段以后略侧扁；雄蜥无喉囊。通身背面为铜绿色或纯绿色，尾部浅棕色；四肢关节外侧及尾基部有砖红色斑；腹面为淡绿色。活动于南亚热带密林或草灌丛中，栖息于大型乔木的洞中。国内分布于云南、西藏；国外分布于印度、缅甸和不丹。

鬣蜥科 Agamidae，树蜥属 *Calotes*
中国评估等级：易危（VU）

棕背树蜥
Calotes emma

尾长为头体长的2.5倍；头较大，头顶及额部微凹陷，鼓膜裸露，吻棱刃状，与眼睑棱连成一线，眼后有1枚棘状鳞，眼与鼓膜间有5枚较大的棘状鳞；肩褶明显，颈鬣和背鬣发达，彼此相连续；体侧鳞片起强棱，鳞尖向后上方；腹鳞起强棱；四肢强壮，爪锐利，后肢贴体前伸时，最长趾爪达鼓膜后缘；尾呈鞭状，尾基较粗，尾鳞起强棱。常于路边、田地边及村庄附近活动，夜晚在树上休息。国内分布于云南、福建、贵州、海南、广东、广西；国外分布于印度、缅甸、泰国、老挝、越南、马来西亚和柬埔寨。

鬣蜥科 Agamidae，树蜥属 *Calotes*
中国评估等级：无危（LC）

棕背树蜥 *Calotes emma*

独龙江拟树蜥 新种
Pseudocalotes dulongjiangensis sp. nov.

　　与独龙江树蜥相似、但体形较小、体背侧具有黑色与绿色相间的
不规则斑纹。我国仅见于独龙江低海拔湿热地区。

鬣蜥科 Agamidae，拟树蜥属 *Pseudocalotes*

贡山拟树蜥 新种
Pseudocalotes gongshannensis sp. nov.

体背鳞片大小不一，体侧杂以起棱的较大鳞片。体背黄绿色为主，有5条深色横带纹，体侧杂以黑色斑点。已知分布于云南怒江中上游河谷。

鬣蜥科 Agamidae，拟树蜥属 *Pseudocalotes*

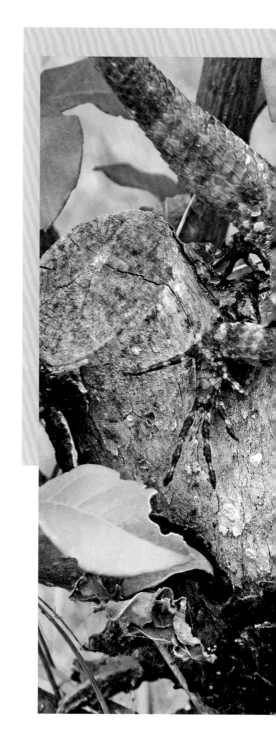

蚌西拟树蜥
Pseudocalotes kakhienensis

体略扁平；头部较大，头背鳞片起棱，吻棱与眼睫棱相连成一线，无喉囊；背鬣呈矮的锯齿状，背鳞起弱棱，夹杂成簇或单个的大鳞；体上部鳞尖向后上方，下部鳞尖向后下方，腹鳞起棱；四肢较强壮，指、趾较短，后肢贴体前伸时，爪端达腋部或肩前；尾侧扁。生活于南亚热带和热带森林边缘的稀树草坡环境中。国内分布于云南；国外分布于缅甸、印度和泰国。

鬣蜥科 Agamidae，拟树蜥属 *Pseudocalotes*
中国评估等级：无危（LC）

细鳞树蜥
Microlepis microlepis

体侧扁，头长不及头宽的2倍，头宽与头高相等；前额平坦，头背鳞片大小不一致，均起棱，吻棱刃状，与眼睑棱连成一线，鼓膜明显，为眼眶直径的1/2；咽喉部鳞起棱，小于或等于腹鳞；颈鬣6～7枚；背鬣低矮，背鳞大小一致，平滑或微棱；腹鳞起强棱；四肢较细弱，后肢贴体前伸时最长趾端达腋部或肩部；尾侧扁，鳞呈覆瓦状排列，起强棱，尾背脊一纵行鳞呈锯齿状。生活于低山区海拔1000～1200 m的稀树草坡、灌丛或乱石等环境中。国内分布于海南、云南、贵州；国外分布于泰国、老挝、缅甸和越南。

鬣蜥科 Agamidae
细鳞树蜥属 新属 *Microlepis* gen. nov.
中国评估等级：无危（LC）

细鳞树蜥 *Microlepis microlepis*

（二）蛇亚目
Serpentes

钩盲蛇
Indotyphlops braminus

　　小型无毒蛇，体长约20 cm，状似蚯蚓，被覆大小相似的圆鳞。头颈不分，身体圆柱形；尾短，末端尖锐。整体黑褐色，背面色较深，具有金属光泽。营地下穴居生活，常隐于砖石、瓦块、枯树，或水边草地下。白天隐居，傍晚、夜间或雨后出来活动。以白蚁、蚂蚁等昆虫及其幼虫为食。国内分布于云南、福建、广东、广西、贵州、四川、重庆、海南、台湾。在世界各地广泛分布。

盲蛇科 Typhlopidae，印度盲蛇属 *Indotyphlops*
中国评估等级：数据缺乏（DD）

233

大盲蛇
Argyrophis diardii

　　小型无毒蛇，体长约35 cm，呈蚯蚓状；头部较尾部小，有分散均匀的小疣粒；尾端钝。背面棕褐色，腹面灰白色，有金属光泽。潜伏于洞中、松散的土壤中，或砖石瓦块、朽木之下。白天隐居，晚上或雨后出来活动。以昆虫和其他土壤无脊椎动物为食。国内分布于海南、云南；国外分布于孟加拉国、印度、印度尼西亚、马来西亚、缅甸、尼泊尔、巴基斯坦、巴布亚新几内亚和泰国。

盲蛇科 Typhlopidae，东南亚盲蛇属 *Argyrophis*
中国评估等级：数据缺乏（DD）
世界自然保护联盟（IUCN）评估等级：无危（LC）

234

闪鳞蛇
Xenopeltis unicolor

中小型无毒蛇，体圆柱形，体长40～80 cm；头与颈部区分不明显，头较小而略扁；尾短。背面棕色，腹面灰白色，通体鳞片闪金属光泽。栖息于海拔400～1000 m的林地、沼泽、灌丛、农田和花园中。营穴居生活，夜间出来活动和捕食。以蛇、蛙、小型啮齿类动物和地栖鸟类为食。国内分布于云南；国外分布于柬埔寨、印度、印度尼西亚、老挝、马来西亚、缅甸、菲律宾、新加坡、泰国和越南。

闪鳞蛇科 Xenopeltidae，闪鳞蛇属 *Xenopeltis*
中国评估等级：易危（VU）
世界自然保护联盟（IUCN）评估等级：无危（LC）

235

蟒
Python bivittatus

　　大型蛇类，身体粗壮，少数体长可达7 m；头小、头颈分明，吻端略扁平，两边各有1个大且深的唇窝，是其灵敏的红外探测器；尾短。通体棕褐色，头颈背面有暗褐色矛形斑；体背及两侧有镶黑边的云豹状斑纹；腹面黄白色。栖息于海拔约1000 m的热带、亚热带低山或中山丛林水域附近。穴居，夜行性，善爬树，也可潜在水中。以蛙类、爬行类、鸟类以及羊、兔、鹿等为食，以能吞食为度；因无毒器，不能用毒液杀死猎物，捕食大动物时，在紧咬猎物的同时，用身体缠绕和挤压使其窒息而死后吞食。国内分布于西藏、云南、广西、广东、香港、福建、海南、贵州；国外见于尼泊尔、孟加拉国、印度、缅甸、柬埔寨、老挝、越南、泰国、印度尼西亚。

蚺科 Pythonidae，蚺属 *Python*
中国保护等级：I 级
中国评估等级：极危（CR）
世界自然保护联盟（IUCN）评估等级：易危（VU）
濒危野生动植物种国际贸易公约（CITES）：附录I

黑脊蛇
Achalinus spinalis

　　小型无毒蛇，体长48～56 cm；头较小，与颈区分不明显。体背面黑褐色，略带金属光泽，背脊有一深褐色纵纹；体腹面色略浅。生活于丘陵、山区林中，也见于田边。穴居，夜晚或雨天活动。以蚯蚓为食。国内分布于福建、甘肃、广西、贵州、湖北、湖南、江苏、江西、四川、云南、陕西、浙江；国外分布于日本、老挝和越南。

闪皮蛇科 Xenodermatidae，脊蛇属 *Achalinus*
中国评估等级：无危（LC）
世界自然保护联盟（IUCN）评估等级：无危（LC）

240

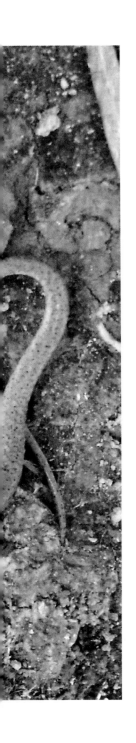

平鳞钝头蛇
Pareas boulengeri

小型无毒蛇，体长50～63 cm，躯干略侧扁；头较大，头颈分界明显；尾末端尖细，略具缠绕性。头背面密布黑褐色粗点斑，眼后有两条黑色细线纹；体背面黄褐色，有数十个黑褐色横纹；腹面淡黄色，有深褐色细点。生活于山区林间或农田附近。夜间活动。以蜗牛、蛞蝓为食。我国特有种，分布于河南、安徽、福建、湖北、湖南、广东、广西、贵州、四川、重庆、江苏、江西、陕西、甘肃、云南、浙江。

钝头蛇科 Pareatidae，钝头蛇属 *Pareas*
中国评估等级：无危（LC）
世界自然保护联盟（IUCN）评估等级：无危（LC）

棱鳞钝头蛇
Pareas carinatus

　　小型无毒蛇，体长55～61 cm，躯干略侧扁；头颈区分明显；尾末端尖细，具缠绕性。通身黄褐色，有不规则黑色横纹；头背面密布黑褐色粗斑点，眼后有两条黑色细线纹；腹面色淡，散有深褐色细点。生活在海拔700 m以下的亚热带高原丘陵或平原地区，喜在溪流附近的潮湿环境中，有时也到农田或种植园。夜行、树栖为主。主食蛞蝓、蜗牛。国内分布于云南；国外分布于文莱、柬埔寨、印度尼西亚、老挝、马来西亚、缅甸、泰国和越南。

钝头蛇科 Pareatidae，钝头蛇属 *Pareas*
中国评估等级：近危（NT）
世界自然保护联盟（IUCN）评估等级：无危（LC）

243

中国钝头蛇
Pareas chinensis

　　小型无毒蛇，体长48～68 cm，体侧扁；头颈区分明显，眼中等大，圆形；尾末端尖细，有缠绕性。通身背面棕褐色或略带红褐色，有数十个约等距离排列的褐色横纹；枕背面具"W"形黑斑，眼后下方有一条短黑纹斜向口角；腹面黄白色。生活于低海拔的山区林间，常见于灌丛、农耕地潮湿处。夜晚活动为主。以蜗牛、蛞蝓等小型软体动物或蚯蚓为食。国内分布于福建、江西、广东、广西、贵州、四川、西藏、云南、香港；国外缅甸疑似有分布。

钝头蛇科 Pareatidae，钝头蛇属 *Pareas*
中国评估等级：无危（LC）
世界自然保护联盟（IUCN）评估等级：无危（LC）

244

缅甸钝头蛇
Pareas hamptoni

　　小型无毒蛇，体长32～56 cm，体侧扁；头、颈区分明显，吻端宽圆；尾末端尖细，具缠绕性。通身黄褐色，有不规则黑色横纹；头背密布黑褐色粗斑点，眼后有两条黑色细线纹；腹面色淡，有深褐色细点。生活在低矮山区的草丛、茶山、农耕地或溪流边。穴居，夜晚活动，地面行动缓慢，在以灌丛或小树上活动为主。以蛞蝓、蜗牛等为食。国内分布于云南、贵州、广西、海南；国外分布于柬埔寨、老挝、缅甸、泰国和越南。

钝头蛇科 Pareatidae，钝头蛇属 *Pareas*
中国评估等级：近危（NT）
世界自然保护联盟（IUCN）评估等级：无危（LC）

缅甸钝头蛇 *Pareas hamptoni*

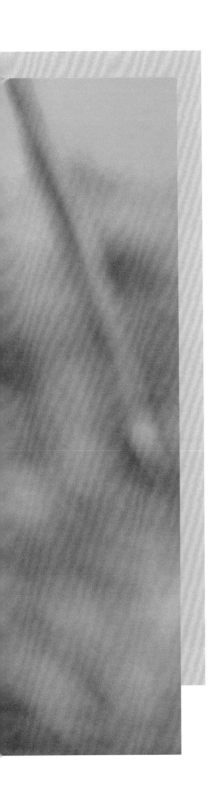

横纹钝头蛇
Pareas margaritophorus

　　小型无毒蛇，体长约44 cm，躯干侧扁；头、颈区分明显，吻端钝圆，鼻孔小；尾短具缠绕性。通身紫褐色，体背有黑白色各半的鳞片所构成的不规则横纹；头背面密布黑褐色细点，眼后有两道粗黑纹，颈背有两块白色斑；腹面色浅，密布粗大黑褐色斑点。生活于海拔1400～1600 m的南亚热带高原山区林地或农耕地。夜行性。取食蛞蝓、蜗牛。国内分布于香港、广东、广西、海南、贵州、云南；国外分布于柬埔寨、老挝、马来西亚、缅甸、泰国和越南。

钝头蛇科 Pareatidae，钝头蛇属 *Pareas*
中国评估等级：近危（NT）
世界自然保护联盟（IUCN）评估等级：无危（LC）

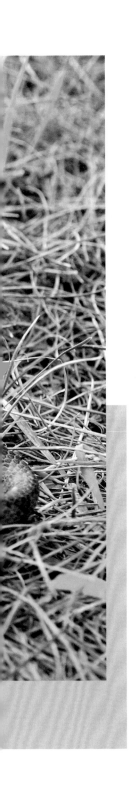

喜山钝头蛇
Pareas monticola

　　小型无毒蛇，体长40～70 cm，体形扁；头大，略呈三角形，头颈分明，眼大，圆形，瞳孔大；尾具缠绕性。眼后和眼上方各有一条细黑纹；体背棕褐色，有黑色横纹；腹面淡黄色，有黑褐色斑点。生活在海拔1000～2000 m的常绿阔叶林中或农耕区。夜晚活动。取食蜗牛、蛞蝓等。国内分布于西藏、云南；国外分布于印度、不丹、缅甸和越南。

钝头蛇科 Pareatidae，钝头蛇属 *Pareas*
中国评估等级：近危（NT）

253

云南钝头蛇
Pareas yunnanensis

　　小型蛇，体形侧扁；头略呈三角形，头颈分明，眼大，圆形。通体棕红色，背面有粗大黑色斑纹；头背面有致密黑斑块；腹面色淡，有黑褐色斑点。生活在海拔1600～2300 m的常绿阔叶林间或农耕区。取食蜗牛、蛞蝓等。我国特有种，分布于云南。

钝头蛇科 Pareatidae，钝头蛇属 *Pareas*
中国评估等级：无危（LC）

黑脊钝头蛇
Pareas niger

    小型蛇，体略侧扁，较圆实；头略呈三角形，头、颈分明，眼大，圆形。头顶黑色，体背棕黄色为主，有粗大的黑色横纹，黑斑覆盖面积较大；腹面淡黄色。生活在海拔1800～2300 m的灌丛或常绿阔叶林间。取食蜗牛、蛞蝓等。我国特有种，已知分布于云南。

钝头蛇科 Pareatidae，钝头蛇属 *Pareas*

黑顶钝头蛇
Pareas nigriceps

　　小型蛇、体略侧扁，较圆实；头略呈三角形、头、颈分明、眼大、圆形。头顶黑色，体背棕黄色为主，有粗大黑色横纹；腹面淡黄色。生活在海拔约2000 m的常绿阔叶林间。取食蜗牛、蛞蝓等。我国特有种，已知分布于云南。

钝头蛇科 Pareatidae，钝头蛇属 *Pareas*
中国评估等级：数据缺乏（DD）
世界自然保护联盟（IUCN）评估等级：数据缺乏（DD）

白头蝰

Azemiops kharini

　　体形中等偏小的有毒蛇，体长约67 cm；头较大，略呈三角形，与颈部区分明显，无颊窝，吻短宽。头背面灰白色，有两条淡褐色斑纹；躯干及尾背面紫褐色，具有交错排列的朱红色窄横纹；腹面浅灰色。多出现于山区或丘陵，栖于路边、碎石地、农田的草丛中，也见于住宅附近，甚至进入居民家中。喜欢晨昏活动。以小型啮齿类动物和食虫目动物为食。属管牙类毒蛇，兼有神经毒和血循毒，性情凶猛，攻击速度快。国内分布于云南、四川、贵州、西藏、陕西、广西、福建、江西、浙江、安徽、湖北、甘肃；国外分布于缅甸和越南。

蝰科 Viperidae，白头蝰属 *Azemiops*
中国评估等级：易危（VU）

黑头蝰
Azemiops feae

　　头侧无颊窝的管牙类毒蛇。与白头蝰相比，黑头蝰的头顶以黑色为主，而白头蝰的头顶以白色为主，其余特征相似。国内分布于云南和西藏；国外分布于越南、缅甸。

蝰科 Viperidae，白头蝰属 *Azemiops*
中国评估等级：数据缺乏（DD）
国际自然保护联盟（IUCN）评估等级：无危（LC）

263

泰国圆斑蝰
Daboia siamensis

　　头侧无颊窝的中型管牙类毒蛇，体长70～120 cm；头略大，略呈三角形，与颈区分明显；体粗壮而尾短。头背有3个深棕色斑，体背棕褐色，中央有一行30个左右较大的圆斑，两侧各一行较小的圆斑，与前者交错排列，圆斑中部紫色，周边黑色并有黄色细线；腹面灰白色。栖息于亚热带平原、丘陵山区，生活于开阔的生态环境。以鼠、鸟、蛇、蜥蜴、蛙等为食；卵胎生。国内分布于湖南、广西、广东、福建、台湾、云南；国外分布于缅甸、泰国、柬埔寨、印度尼西亚。

蝰科 Viperidae，圆斑蝰属 *Daboia*
中国评估等级：濒危（EN）
世界自然保护联盟（IUCN）评估等级：无危（LC）

265

菜花原矛头蝮
Protobothrops jerdonii

　　中等体形的管牙类毒蛇，体长98～116 cm。头三角形，与颈区分明显，头侧有颊窝，吻棱明显；尾稍短。色斑变异较大，一般都为菜花黄色，但生活在较高海拔地区的种群体色深暗，菜花黄色不明显；头背有复杂的斑纹，头侧眼下部分黄色，眼后有一粗黑色线条；体背面黑黄色相间，多数背面有一行镶黑边的暗红色大斑块；腹面黑褐或黑黄色相间。生活于海拔1500～3200 m的山区或高原，栖于草丛、乱石堆中或灌木下。多在晚上出外活动。食物以鼠类、鸟类、其他蛇类为主。国内分布于四川、重庆、甘肃、广西、贵州、河南、湖北、湖南、山西、陕西、西藏、云南、安徽、宁夏、青海、广东、江西；国外分布于越南。

蝰科 Viperidae，原矛头蝮属 *Protobothrops*
中国评估等级：无危（LC）
世界自然保护联盟（IUCN）评估等级：无危（LC）

原矛头蝮
Protobothrops mucrosquamatus

中等大小的管牙类毒蛇，体长1～1.2 m。头三角形，与颈区分明显，吻窄，吻棱明显，头侧有颊窝。通身黄褐色或棕褐色，背脊有一行粗大的波浪状暗紫色斑，体侧各有一行暗紫色斑块；腹面颜色较浅。生活于丘陵及山区，栖于各种低矮的植物丛、耕地或溪流旁，也曾在室内发现。多在夜间外出活动。食物以鼠类、蛙类及鸟类为主，亦食小型蛇类。国内分布于安徽、福建、甘肃、广东、广西、贵州、湖南、江西、四川、台湾、浙江、云南、海南、河南、湖北、内蒙古、宁夏、陕西、山西、香港；国外分布于印度、老挝、缅甸、越南。

蝰科 Viperidae，原矛头蝮属 *Protobothrops*
中国评估等级：无危（LC）
世界自然保护联盟（IUCN）评估等级：无危（LC）

缅北原矛头蝮
Protobothrops kaulbacki

　　头侧有颊窝的管牙类毒蛇，体形中等偏大，体长约1.4 m。吻极窄，左右鼻间鳞相接，眼较小，瞳孔直立椭圆形。通身暗绿色，头背黑色，有略呈"人"字形的浅色细线纹；正背有一列暗褐色粗大点状斑，两侧还各有一行较小点斑；腹面有灰、白间杂的斑块。生活于海拔约1000 m的山谷河流旁。国内分布于西藏、云南；国外分布于缅甸、印度。

蝰科 Viperidae，原矛头蝮属 *Protobothrops*
中国评估等级：数据缺乏（DD）
世界自然保护联盟（IUCN）评估等级：数据缺乏（DD）

乡城原矛头蝮
Protobothrops xiangchengensis

中等大小毒蛇，体长80～120 cm。毒牙为管牙、位于上颌前部，毒性为血液型毒。头三角形，吻棱明显，头侧有颊窝。头背浅褐色，有深棕色斑纹，眼后到颌角上方有一条较宽的深棕色纵纹；体背面浅褐色，左右各有1～2行略呈三角形、镶灰边的深棕色斑块交错排列；腹面灰白色，后段密布深棕色细点。生活于海拔3000 m左右的高原山区，栖于灌木丛或黑暗潮湿的树林中、小溪或水沟边，在住宅附近的碎石瓦堆中也有发现，能进入住房内。取食蛙、蜥蜴、鼠、鸟等。我国特有种，分布于四川、云南。

蝰科 Viperidae，原矛头蝮属 *Protobothrops*
中国评估等级：无危（LC）
世界自然保护联盟（IUCN）评估等级：无危（LC）

尖吻蝮
Deinagkistrodon acutus

体形中等偏大的毒蛇，体粗短，体长可达2 m；头大、三角形，与颈部区分明显；头侧有颊窝，吻端尖而上翘，故得名；尾短而细，后段侧扁。头体背面棕黑色或棕褐色，排列着20多个灰白色的方形大斑块，体侧土黄色；腹面白色，有黑色念珠斑；尾背后段黑褐色。生活于海拔100～1300 m的山区或丘陵林木茂盛的阴湿地带；多栖息在洞穴中或落叶下、杂草地、农耕地周边，也会到人类住所附近活动；晨昏活动较多。以蛙、鼠、蜥蜴和鸟类为食。管牙长而粗，毒液为血循毒，人被咬后如救治不及时会危及生命。国内分布于四川、江西、云南、贵州、重庆、福建、广东、广西、湖南、湖北、安徽、浙江及台湾；国外见于越南北部。

蝰科 Viperidae，尖吻蝮属 *Deinagkistrodon*
中国评估等级：濒危（EN）

273

察隅烙铁头
Ovophis zayuensis

体长约68 cm。头呈三角形，与颈区分明显，毒牙为管牙，位于上颌前部，毒性为血液型毒。头侧有颊窝，体粗尾短。头背及头侧黑褐色，吻端、吻棱经眼上方向后达颌角，头腹浅褐色，散有深棕色细点；体背面棕褐色，正背有两行略呈方形的深棕色或黑褐色大斑，左右交错排列，有的地方左右或前后相连，构成城垛状脊纹；腹面黄白色，散有深棕色细点。生活在2000 m左右的阔叶林中。我国特有种，分布于西藏、云南。

蝰科 Viperidae，烙铁头蛇属 *Ovophis*
中国评估等级：数据缺乏（DD）
世界自然保护联盟（IUCN）评估等级：无危（LC）

越南山烙铁头
Ovophis tonkinensis

　　中等大小毒蛇，躯干粗短，尾短；头三角形，与颈区分明显，毒牙为管牙，位于上颌前部，毒性为血液型毒，有颊窝。体背面黄褐色或红褐色，正背有一行横跨背脊的暗褐色宽横斑。生活于山区多岩石地带，也发现于耕作地。以鼠类、食虫类和蜥蜴等为食。国内分布于云南、广东、海南；国外分布于越南。

蝰科 Viperidae，烙铁头蛇属 *Ovophis*
中国评估等级：无危（LC）
世界自然保护联盟（IUCN）评估等级：无危（LC）

越南山烙铁头亚成体 *Ovophis tonkinensis*

山烙铁头
Ovophis monticola

　　中等大小毒蛇，体长55～75 cm，躯干粗短，尾短；头三角形，与颈区分明显，毒牙为管牙，位于上颌前部，毒性为血液毒型，有颊窝。体背面黄褐色或红褐色，正背有一行似城垛状的暗褐色斑纹；腹面带白色，有棕褐色细点。生活于山区多岩石地带，也曾发现于耕作地。以鼠类、食虫类和蜥蜴类等为食。国内分布于福建、广东、广西、贵州、湖南、四川、台湾、西藏、浙江、云南、香港；国外分布于孟加拉国、印度、印度尼西亚、老挝、马来西亚、缅甸、尼泊尔、泰国和越南。

蝰科 Viperidae，烙铁头蛇属 *Ovophis*
中国评估等级：近危（NT）
世界自然保护联盟（IUCN）评估等级：无危（LC）

280

282

墨脱绿蝮
Viridovipera medoensis

　　体形中等偏小毒蛇，体长约65 cm。头呈三角形，与颈区分明显，毒牙为管牙，位于上颌前部，毒性为血液毒型，有颊窝；尾具缠绕性。通体以绿色为主，上唇及头腹面浅黄白色，体侧有红白各半的纵线纹，腹面黄白色，尾背及末端焦红色。生活于海拔1200～1400 m的区域。国内分布于西藏；国外分布于缅甸、印度。

蝰科 Viperidae，绿蝮属 *Viridovipera*
中国评估等级：数据缺乏（DD）
世界自然保护联盟（IUCN）评估等级：数据缺乏（DD）

283

云南绿蝮
Viridovipera yunnanensis

　　体形中等毒蛇，体长75～97 cm；头呈三角形，头、颈区分明显，毒牙为管牙，位于上颌前部，毒性为血液型毒，有颊窝，瞳孔直立，雄性眼球红色；尾具缠绕性。通身以绿色为主，体侧有红白各半的纵线纹，尾背及尾尖焦红色；腹面浅黄白色。常栖息于海拔1500～2200 m山区的灌木丛、低矮树林中或林缘草地上。夜行性。以鼠、蛙、蜥蜴等小型脊椎动物为食。我国特有种，分布于四川、云南。

蝰科 Viperidae，绿蝮属 *Viridovipera*
中国评估等级：无危（LC）
世界自然保护联盟（IUCN）评估等级：无危（LC）

284

云南绿蝮 *Viridovipera yunnanensis*

福建绿蝮
Viridovipera stejnegeri

　　体形中等的管牙类剧毒蛇，体长77～92 cm；头三角形，头、颈区分明显，头侧有颊窝，雄性眼红色；尾具缠绕性。通身以绿色为主，尾背及尾尖焦红色，体侧有红白各半的纵线纹，腹面浅黄白色。栖于山林中，常在夜间到小溪、农田中捕食蛙、蜥蜴、鼠类等。国内分布于安徽、福建、贵州、广西、广东、海南、湖北、湖南、吉林、江苏、江西、四川、重庆、台湾、浙江、云南、甘肃；国外分布于柬埔寨、印度、老挝、缅甸、越南。

蝰科 Viperidae，绿蝮属 *Viridovipera*
中国评估等级：无危（LC）
世界自然保护联盟（IUCN）评估等级：无危（LC）

冈氏绿蝮
Viridovipera gumprechti

体形中等的毒蛇，体长100～130 cm，颈部及身体修长；头大，正三角形，毒牙为管牙，位于上颌前部，毒性为血液型毒，具发达的颊窝，瞳孔纵置；尾具缠绕性，攀爬能力强，适应树栖生活。身体呈亮绿色，腹部黄绿色，身体两侧有上白色下深红色的条纹，从颈部一直延伸到肛门处，尾部深红色。雄性头部有一条红色条纹，眼睛呈鲜红色或深红色；雌性体形更大，头部有1条细而呈白色或蓝白色的条纹，眼睛呈深黄色。出没于热带丛林、低地雨林的树丛或竹林中，也常见于溪涧边灌木杂草中或山区稻田旁。夜间捕猎为主，攻击性较强。主要以鸟、鼠、蛙和蜥蜴为食。国内分布于云南；国外分布于泰国、老挝、越南、缅甸。

蝰科 Viperidae，绿蝮属 *Viridovipera*
中国评估等级：无危（LC）
世界自然保护联盟（IUCN）评估等级：无危（LC）

292

西藏喜山蝮
Himalayophis tibetanus

　　管牙类毒蛇；头大，三角形，与颈区分明显，有颊窝，尾具缠绕性，无性二型。通身显绿色，但沿背脊有一些不规则的锈褐色点斑，无侧纵纹，尾端也为绿色，眼红色或琥珀色。生活于海拔2500～32000 m的山区林地或灌丛。以小鸟和鼠类为食。国内分布于西藏；国外分布于尼泊尔。

蝰科 Viperidae，喜山蝮属 *Himalayophis*
中国评估等级：数据缺乏（DD）
世界自然保护联盟（IUCN）评估等级：无危（LC）

白唇竹叶青蛇
Trimeresurus albolabris

体形中等毒蛇，体长74～110 cm。头三角形，与颈区分明显，毒牙为管牙，位于上颌前部，毒性为血液型毒，有颊窝；尾具缠绕性。通体背面以绿色为主，雄性眼红色，上唇浅绿色，尾背及尾末焦红色，体两侧有一白色线纹自颈后延伸至肛前，腹面浅黄绿色。栖于平原或低山区的草丛中或灌木丛中，也发现于人类居住区。昼夜都可见，主要以鼠类为食，也食蜥蜴和蛙类。国内分布于福建、广西、广东、贵州、海南、香港、江西、云南；国外分布于印度、尼泊尔、缅甸、泰国、柬埔寨、老挝、越南、印度尼西亚。

蝰科 Viperidae，竹叶青属 *Trimeresurus*
中国评估等级：无危（LC）
世界自然保护联盟（IUCN）评估等级：无危（LC）

白唇竹叶青蛇 *Trimeresurus albolabris*

短尾蝮
Gloydius brevicaudus

　　小型管牙类毒蛇，体长约62 cm，体较粗短；头略呈三角形，与颈区分明显，毒牙为管牙，位于上颌前部，毒性为血液型毒，有颊窝，吻棱明显，头侧眼后斜向口角处有一黑色或棕褐色纵纹，其上缘镶以白边。通身背面有棕褐色、灰褐色或肉红色等颜色类型，体背两侧有成对排列的深褐色大圆斑，圆斑中央颜色较浅，边缘较深而外侧开放；腹鳞外侧有一行不规则排列的黑色粗大斑点，腹面灰色，密布黑色细点。栖息于平原丘陵地区，活动于稻田、耕地、沟渠、路边、村舍附近。捕食鱼、蛙、蜥蜴、鼠等。国内分布于四川、重庆、安徽、北京、福建、甘肃、贵州、河北、河南、湖北、湖南、江苏、江西、辽宁、山西、陕西、上海、台湾、天津、云南、浙江；国外分布于韩国、朝鲜。

蝰科 Viperidae，亚洲蝮属 *Gloydius*
中国评估等级：近危（NT）

雪山蝮
Gloydius monticola

　　中小型毒蛇；头呈三角形，与颈区分明显，毒牙为管牙，位于上颌前部，毒性为血液型毒，有颊窝，眼后有一较宽的深棕色纹达颈侧。吻端灰棕色，头部和体背面灰褐色，有不规则的红棕色粗大斑纹，头部腹面灰白色或青灰色，无斑纹；体腹部深灰色或灰白色，密布黑褐色点。生活于海拔3000 m左右的高原山区，栖息于山坡灌丛中。以小型鼠类为食。我国特有种，分布于云南西北部。

蝰科 Viperidae，亚洲蝮属 *Gloydius*
中国评估等级：近危（NT）
世界自然保护联盟（IUCN）评估等级：数据缺乏（DD）

中国沼蛇（水蛇）
Myrrophis chinensis

　　后沟牙类毒蛇，体长70～83 cm，体粗尾短；头略大，与颈可以区分，鼻孔背位而小，眼较小而瞳孔圆。头体背面棕色，体背两侧各有一行稀疏的黑色斑点，头腹面污白色，有褐色细点，体腹面呈黑红相间横斑。长年生活在水中，多在低海拔地区的溪流或农耕区的水渠内活动。食性杂，主要以鱼类、青蛙以及甲壳纲动物为食。国内分布于江苏、广西、安徽、湖北、海南、台湾、江西、福建、湖南、浙江、广东；国外分布于越南北部。

水蛇科 Homalopsidae，沼蛇属 *Myrrophis*
中国评估等级：易危（VU）
世界自然保护联盟（IUCN）评估等级：无危（LC）

302

铅色蛇
Hypsiscopus plumbea

　　小型后沟牙类毒蛇，毒性弱，体粗尾短，体长约50 cm；头颈可以区分，眼小，瞳孔垂直，为椭圆形。通身背面铅灰色，无斑，上唇及腹面黄白色。栖息于海拔980 m以下的平原、丘陵或低山地区的水稻田、池塘、湖泊、小河及其附近水域，也见于路边、草地或烂稻草堆中。水栖，多在黄昏及夜晚活动，行动敏捷，性情凶猛，具有攻击性。以泥鳅、鳝鱼等鱼类和小型蛙类为食。国内分布于江苏、浙江、福建、台湾、江西、广东、香港、海南、广西、云南；国外分布于印度、缅甸、老挝、柬埔寨、泰国、越南、马来西亚及印度尼西亚。

水蛇科 Homalopsidae，铅色蛇属 *Hypsiscopus*
中国评估等级：易危（VU）
世界自然保护联盟（IUCN）评估等级：无危（LC）

紫沙蛇
Psammodynastes pulverulentus

　　体形小的后沟牙类毒蛇，体长约50 cm；头部略呈三角形，与颈分界明显，吻端钝圆，吻棱显著，眼较大，瞳孔直立，为椭圆形。体背面紫褐色，头背有数条镶浅色边的暗紫色纵纹，体背有不规则镶暗紫色边的浅褐色斑，体侧有数条深浅相间的纵纹；腹面淡黄色，密布紫褐色细点。生活在海拔800～1600 m的平原或山麓，常出现在农耕区与森林交界的灌丛、草丛中，行动迟缓。主食蛙、蜥蜴等。国内分布于云南、海南、西藏、广西、香港、福建、湖南、贵州、江西、广东、台湾；国外分布于孟加拉国、缅甸、柬埔寨、印度、不丹、印度尼西亚、老挝、尼泊尔、菲律宾、马来西亚、泰国和越南。

鳗形蛇科 Lamprophiidae，紫沙蛇属 *Psammodynastes*
中国评估等级：无危（LC）

306

紫沙蛇 *Psammodynastes pulverulentus*

福建华珊瑚蛇
Sinomicrurus kelloggi

中型前沟牙毒蛇，全长约62 cm，体圆柱形，圆滑而细长；吻端钝圆，头小，与颈区分不明显。头背黑色，有两道横纹，前端黄白色横纹细，横跨两眼，后端白色横纹较粗，呈倒"V"形；体背棕红色，具黑色横纹21条，腹面颜色从身体前段橙黄色至后段橙红色，具有形状及大小不同的黑色横条斑或块斑。生活于森林边缘。国内已知分布于安徽、浙江、福建、江西、湖南、海南、广东、广西、贵州、重庆和云南；国外分布于越南和老挝。

眼镜蛇科 Elapidae，中华珊瑚蛇属 *Sinomicrurus*
中国评估等级：无危（LC）
世界自然保护联盟（IUCN）评估等级：无危（LC）

311

中华珊瑚蛇
Sinomicrurus macclellandi

　　中小型毒蛇，体长约67 cm，体圆滑细长，呈圆柱形；头小，略扁平，与颈区分不明显，毒牙为沟牙，位于上颌前部，毒性为神经型毒，吻钝圆；尾短，末端较圆钝。头部背面黑色，有2条黄白色横纹，前条细，后条很宽；体背面红棕色，有镶黄边的黑色横纹；腹面浅黄色，具有不规则的黑色斑块。生活在丘陵或山区森林的底层，常见于枯枝落叶堆中、石块下以及溪流附近，在农田、茶山和村寨周围甚至居民家中也能见到。夜行性为主，行动缓慢，一般不主动发起攻击。以小型蛇类、蜥蜴等为食。国内分布于安徽、福建、广东、广西、贵州、海南、湖南、江苏、江西、四川、西藏、云南、浙江、台湾；国外分布于日本、泰国、缅甸、越南、尼泊尔、印度。

眼镜蛇科 Elapidae，中华珊瑚蛇属 *Sinomicrurus*
中国评估等级：易危（VU）

眼镜王蛇
Ophiophagus hannah

　　世界上最大的前沟牙毒蛇，体圆柱形，体长一般为2~3 m，最长记录达6 m；头椭圆形，略扁，头与颈可区分；颈部背面有呈倒"V"形的黄白色斑纹；受惊扰时，常将前半身直立，颈部膨大宽扁，作攻击状；尾较长，尾末端钝圆形。体背面为黑棕色或棕黄色，有镶黑边的白色横纹。生活在海拔1800 m以下的丘陵、平原及山区森林，常居于山溪旁的树洞中或隐匿在岩缝内，有时爬到树上。昼行性，雌蛇有护卵习性。毒牙位于上颌前部，毒液为混合毒，含有剧烈的神经毒和血循毒等。嗜吃其他各种蛇类，也吃鸟类、鼠类、蛙类和蜥蜴等。国内分布于福建、广东、广西、香港、贵州、海南、重庆、四川、浙江和云南；国外广泛分布于南亚和东南亚。

眼镜蛇科 Elapidae，眼镜王蛇属 *Ophiophagus*
中国评估等级：濒危（EN）
世界自然保护联盟（IUCN）评估等级：易危（VU）
濒危野生动植物种国际贸易公约（CITES）：附录 II

舟山眼镜蛇
Naja atra

　　大型剧毒蛇，体长约1.3 m，体圆柱形。头椭圆形，稍扁，头与颈略可区分，毒牙为沟牙，位于上颌前部，毒性为神经型毒；在受到惊扰时，颈部可变得膨大宽扁；尾较长，尾末端钝圆形。体色黑褐或暗褐色，颈背面有明显的"双眼斑"；腹面前段污白色，两侧各有一粗大的黑斑，后部灰黑色或灰褐色。栖息于平原、丘陵或山间盆地中的缓坡，常居于路边、池塘边或农耕地旁的土穴、蚁穴、坟洞中，有群居现象。昼行性为主，食性广，以其他蛇、蛙、鱼、鸟及小型哺乳类为食，有时也进村寨吃小鸡等。国内分布于安徽、重庆、福建、广东、广西、云南、贵州、湖北、湖南、江西、浙江、海南、香港、澳门、台湾；国外分布于越南和老挝。

眼镜蛇科 Elapidae，眼镜蛇属 *Naja*
中国评估等级：易危（VU）
世界自然保护联盟（IUCN）评估等级：易危（VU）
濒危野生动植物种国际贸易公约（CITES）：附录 II

孟加拉眼镜蛇
Naja kaouthia

　　大型剧毒蛇，体长约1 m，但雌体小；头部椭圆形，毒牙为沟牙，位于上颌前部，毒性为神经型毒。体色暗褐或灰褐色，在颈部竖立膨扁时，颈背有内外镶黑褐色边的白色椭圆形"单眼斑"；躯干前部腹面两侧各有一暗褐色粗斑点，腹面前段黄白色，后段灰褐色。栖息于海拔1700 m以下的平原、丘陵和山区，见于灌木丛、稻田、菜园、道路旁、村庄农舍，常以鼠洞、蚁穴为居所。昼行为主，性情凶猛，受到惊扰时，身体前部高高竖起，头部平直向前，颈部膨扁，展露出其颈背特有的眼镜状斑纹，并发出"咝咝"声，作攻击状。食性较广，主要捕食小型啮齿类动物、蛙类、蜥蜴、蛇、泥鳅、黄鳝、鸟及鸟蛋等。国内分布于西藏、云南、四川、广西；国外分布于孟加拉国、不丹、尼泊尔、印度、老挝、柬埔寨、缅甸、泰国、越南、马来西亚。

眼镜蛇科 Elapidae，眼镜蛇属 *Naja*
中国评估等级：濒危（EN）
世界自然保护联盟（IUCN）评估等级：无危（LC）
濒危野生动植物种国际贸易公约（CITES）：附录 II

马来环蛇
Bungarus candidus

　　体形中等偏大的前沟牙毒蛇，身体圆柱形；头椭圆而略扁，与颈部可区分，吻端钝圆形，没有颊窝；尾末端尖细。体背黑褐色，全身从颈部到尾部都有黑白相间的横纹，且黑色条纹更宽。生活于海拔1300 m以下的丘陵或山地。夜行性，白天隐匿于洞穴或石缝中，黄昏后到水塘、稻田、溪流旁、近水草丛或住宅附近觅食，捕食鱼、蛙、蛇、蜥蜴及小型啮齿类动物。蛇毒为剧烈的神经毒。国内分布于云南、贵州、广西、广东、福建等地；国外分布于越南、泰国、马来西亚、新加坡和印度尼西亚。

眼镜蛇科 Elapidae，环蛇属 *Bungarus*
世界自然保护联盟（IUCN）评估等级：无危（LC）

环蛇
Bungarus bungaroides

  体形中等偏大的前沟牙毒蛇，雄性体长约1.4 m；头椭圆而略扁，与颈部可区分，吻端钝圆，没有颊窝；躯干圆柱形，尾短且末端尖细。体背黑色或黑褐色，全身从颈部到尾部都有黑白相间的横纹；腹面为白色或黄白色。生活于海拔1300 m附近的平原、丘陵或山地，白天隐匿于洞穴或石缝中，黄昏后到水塘、稻田、溪流旁、近水的草丛以及住宅附近觅食，捕食鱼、蛙、蛇、蜥蜴及小型啮齿类动物。蛇毒为剧烈的神经型毒，如救治不及时会因呼吸肌麻痹而窒息死亡。国内分布于西藏；国外分布于印度、尼泊尔、不丹、缅甸、越南。

眼镜蛇科 Elapidae，环蛇属 *Bungarus*
中国评估等级：数据缺乏（DD）

金环蛇
Bungarus fasciatus

　　体形大的毒蛇，体长约1.5 m。头椭圆形略扁，毒牙为沟牙，位于上颌前部，毒性为神经型毒，吻端钝圆形；背脊明显棱起，身体横截面是特殊的三角形；尾粗，端部圆钝。体背面黑色或黑褐色，通身有较宽的金黄色环纹，故名"金环蛇"。栖息于海拔180～1100 m的平原或丘陵地区，喜阴湿环境，常出现在植被覆盖较好的池塘附近、溪沟边或水稻田边。夜行性为主，多盘曲于石缝、树洞、乱石堆、灌草丛中。以鱼类、蛙类、鼠类、蜥蜴、蛇等为食。一般不主动攻击，但一旦被侵犯则会迅速反击。国内分布于江西、福建、广东、海南、广西、云南等地；国外见于印度、不丹、尼泊尔、孟加拉国、文莱、缅甸、越南、柬埔寨、老挝、泰国、马来西亚、新加坡和印度尼西亚。

眼镜蛇科 Elapidae，环蛇属 *Bungarus*
中国评估等级：濒危（EN）
世界自然保护联盟（IUCN）评估等级：无危（LC）

银环蛇云南亚种 *Bungarus multicinctus wanghaotingi*

银环蛇
Bungarus multicinctus

　　体形大的前沟牙毒蛇，体长约1.5 m，身体呈圆柱形；头椭圆而略扁，与颈部可区分，吻端钝圆形，没有颊窝；尾末端尖细。体背黑色或黑褐色，全身从颈部到尾部都有黑白相间的横纹；腹面为白色或黄白色。生活于海拔1300 m以下的平原、丘陵或山地。白天隐匿于洞穴或石缝中，黄昏后到水塘、稻田、溪流旁、近水的草丛以及住宅附近觅食，捕食鱼、蛙、蛇、蜥蜴及小型啮齿类动物。蛇毒为剧烈的神经毒，被咬后如救治不及时会因呼吸肌麻痹而窒息死亡。国内分布于西南地区及长江以南各省；国外分布于缅甸、越南、老挝和泰国。

眼镜蛇科 Elapidae，环蛇属 *Bungarus*
中国评估等级：濒危（EN）
世界自然保护联盟（IUCN）评估等级：无危（LC）

盈江银环蛇 新种
Bungarus yingjiangensis sp. nov.

　　体形大的前沟牙毒蛇，身体圆柱形，体长约1.5 m；头椭圆而略扁，与颈部可区分、吻端钝圆形，没有颊窝；尾末端尖细。体背黑色或黑褐色，全身从颈部到尾部具有黑白相间的横纹，白色横纹明显比银环蛇的细而多。主要生活于海拔1000 m以下的山地林缘。白天隐匿于洞穴或石缝中，黄昏后到水塘、稻田、溪流旁、近水的草丛以及住宅附近觅食，捕食鱼、蛙、蛇、蜥蜴及小型啮齿类动物。蛇毒为剧烈的神经毒，如救治不及时会因呼吸肌麻痹而窒息死亡。国内已知分布于云南。

眼镜蛇科 Elapidae，环蛇属 *Bungarus*

326

滑鳞蛇
Liopeltis frenatus

　　体形中等的无毒蛇，体长约64～70 cm，头、颈略可区分；吻端椭圆形，上唇色白，瞳孔圆形。体背面橄榄棕色；眼后有一粗的黑色纵纹弯至颈背左右并列，延续至颈后，其外侧另有较细的黑色纵纹；腹部白色。生活于海拔600 m左右的山区，有时见于路边。国内分布于云南、西藏；国外分布于印度、缅甸、老挝、越南。

游蛇科 Colubridae，滑鳞蛇属 *Liopeltis*
中国评估等级：数据缺乏（DD）
世界自然保护联盟（IUCN）评估等级：无危（LC）

云南两头蛇
Calamaria yunnanensis

　　小型无毒蛇，体长约25 cm；头小，与颈不分，身体圆柱形，前后粗细一致，尾极短。颈侧和尾基部两侧各有一黄色斑；体背浅褐色，鳞缘呈不规则黑褐色点，有的合并成为黑斑。生活在海拔1200 m左右的丘陵山区或农耕区，以软体动物或蚯蚓等为食。我国特有种，仅见于云南。

游蛇科 Colubridae，两头蛇属 *Calamaria*
中国评估等级：易危（VU）
世界自然保护联盟（IUCN）评估等级：濒危（EN）

328

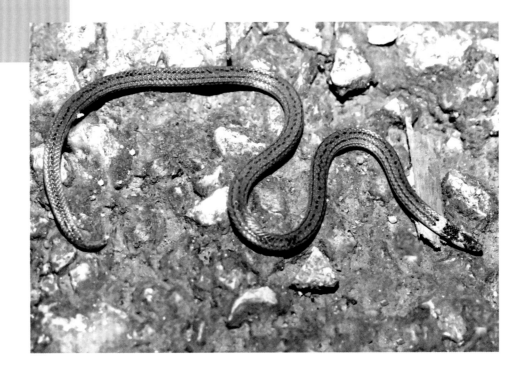

钝尾两头蛇

Calamaria septentrionalis

小型无毒蛇，体长约25 cm；头小、与颈区分不明显，吻宽而短；躯干圆柱形，前后粗细一致；尾短、末端圆钝。体背面酱褐色、泛青光、鳞缘黑色而形成网纹，颈两侧和尾基部两侧各有1块浅黄白色斑；腹面朱红色，散布少数深色点线，尾腹面中央有一条黑线纹。生活于低山或丘陵地区，隐匿在地表之下，夜晚或降雨天到地面活动。国内分布于四川、安徽、福建、广西、贵州、湖南、江苏、江西、浙江；国外分布于越南。

游蛇科 Colubridae，两头蛇属 *Calamaria*
中国评估等级：无危（LC）
世界自然保护联盟（IUCN）评估等级：无危（LC）

尖尾两头蛇
Calamaria pavimentata

　　小型无毒蛇，身体圆柱形，前后粗细一致；头小，头、颈不分；尾极短。体背面略带红褐色，有深色纵浅纹。生活于山地或丘陵地区的林地中，匿居地下，阴天及晚上到地面上活动。取食蚯蚓等。尾部与头部相似，受惊扰时可模拟头部作攻击状，而头部则在反方向伺机脱逃。国内分布于云南、福建、广东、广西、贵州、海南、四川、浙江、台湾；国外分布于柬埔寨、印度、日本、老挝、马来西亚、缅甸、泰国和越南。

游蛇科 Colubridae，两头蛇属 *Calamaria*
中国评估等级：无危（LC）
世界自然保护联盟（IUCN）评估等级：无危（LC）

颈斑蛇
Plagiopholis blakewayi

　　体形较小的无毒蛇，体长约48 cm，体圆柱形；头小、与颈区分不明显，枕后至颈背有一块显著的"V"形或箭形斑。通身背面由黄色、黑色鳞片或鳞缝相间的斑驳色彩饰纹；腹面灰蓝色，或乳黄色，间以非常多的黑色细点。生活在海拔1300～2200 m的亚热带丛林中，多见于草坡或乱石堆间。以蚯蚓为食。国内分布于云南、贵州、四川；国外分布于缅甸和泰国。

游蛇科 Colubridae，颈斑蛇属 *Plagiopholis*
中国评估等级：无危（LC）
世界自然保护联盟（IUCN）评估等级：无危（LC）

云南颈斑蛇
Plagiopholis unipostocularis

　　小型无毒蛇，体长约30 cm，体圆柱形；头小，与颈区分不明显，头背暗棕色，部分鳞片边缘黑色，显示呈黑色网纹状，腹面淡黄色，布满棕色细点。生活在海拔1500～2100 m的亚热带山区。我国特有种，仅见于云南。

游蛇科 Colubridae，颈斑蛇属 *Plagiopholis*
中国评估等级：数据缺乏（DD）
世界自然保护联盟（IUCN）评估等级：数据缺乏（DD）

334

335

缅甸颈斑蛇
Plagiopholis nuchalis

体形较小的无毒蛇，体长约45 cm，呈圆柱形；头小，与颈无明显界限；雄蛇尾明显长于雌蛇。背面黑褐色或红褐色，颈背有一粗大的黑色箭斑，部分背鳞呈黑白两色，交织成黑白网纹；腹面浅黄色，密布黑点。生活在南亚热带山区的潮湿地带。取食蚯蚓等。国内分布于云南；国外分布于缅甸、泰国和越南。

游蛇科 Colubridae，颈斑蛇属 *Plagiopholis*
中国评估等级：易危（VU）
世界自然保护联盟（IUCN）评估等级：无危（LC）

337

大眼斜鳞蛇
Pseudoxenodon macrops

　　中型无毒蛇，体长约1m；头大，颈细，头、颈分界明显；眼大呈椭圆形，瞳孔圆形。两侧的背鳞窄长，排列成斜行，故名"斜鳞蛇"；颈背有一尖端向前的粗大黑色箭斑，前缘未镶白边而后缘有，正背有数十条略带白色的横斑；腹面玉白色，有黄褐色斑。生活于高原山区，常见于山溪边、路边、菜园地、石堆上。受惊时体前段昂起。常白天活动。主要吃蛙类。国内分布于云南、福建、广西、贵州、河南、湖北、湖南、四川、台湾、西藏；国外分布于印度、老挝、马来西亚、缅甸、尼泊尔、泰国和越南。

游蛇科 Colubridae，斜鳞蛇属 *Pseudoxenodon*
中国评估等级：无危（LC）
世界自然保护联盟（IUCN）评估等级：无危（LC）

338

墨脱斜鳞蛇　新种
Pseudoxenodon motuoens sp. nov.

　　体形中等的无毒蛇；头灰褐色，散有黑褐点；颈背具有粗大的箭形斑，体背和尾背无浅色横纹。生活于林木繁盛的山区水域附近。已知分布于我国西藏。

游蛇科 Colubridae，斜鳞蛇属 *Pseudoxenodon*

340

纹尾斜鳞蛇
Pseudoxenodon stejnegeri

体形中等的无毒蛇，体长82～89 cm；头背灰褐色，散有黑褐点；体背色斑与大眼斜鳞蛇相似，唯颈背粗大的箭形斑未镶白边；尾背有向体背延伸的黑色浅纹。生活于林木繁盛的山区，常见于水域附近；白昼活动；食物以蛙类为主；卵生。我国特有种，分布于云南、重庆、四川、贵州、广西、安徽、浙江、江西、福建、台湾。

游蛇科 Colubridae，斜鳞蛇属 *Pseudoxenodon*
中国评估等级：无危（LC）
世界自然保护联盟（IUCN）评估等级：无危（LC）

黑领剑蛇
Sibynophis collaris

　　体细长的中型无毒蛇，体长约65 cm；头、颈略可区分；眼瞳孔圆形；尾具缠绕能力。头背面棕色，枕后有宽大的棕黑色斑，其后缘镶白色或微黄色边，斑后接黑色脊纹直达尾尖，脊纹愈后愈模糊；腹面乳黄色，腹鳞两端各有1个小黑点，前后连缀成链纹；个别前段腹面链纹内侧还有2条链纹，仅前段清晰，后段消失。生活在海拔1500～2400 m的山区林地或农耕地附近，取食蜥蜴等。国内分布于云南、西藏；国外分布于印度、老挝、马来西亚、缅甸、尼泊尔、泰国和越南。

游蛇科 Colubridae，剑蛇属 *Sibynophis*
中国评估等级：无危（LC）
世界自然保护联盟（IUCN）评估等级：无危（LC）

黑头剑蛇
Sibynophis chinensis

体细长的小型无毒蛇；头略宽扁，与颈略可区分；尾长，具缠绕能力。头背面棕黑色，有一黑斑，上唇白色；颈背有一条黑色纵纹；腹面浅黄色，腹鳞两侧各有1条由小黑点连缀成的链状纹。生活在平原、丘陵或山区，多见于距水体不远的灌丛或稻田附近。主要取食蜥蜴、蛙和其他蛇类。国内分布于福建、广东、香港、海南、广西、贵州、云南、四川、湖北、江苏、浙江、台湾；国外分布于老挝和越南。

游蛇科 Colubridae，剑蛇属 *Sibynophis*
中国评估等级：无危（LC）
世界自然保护联盟（IUCN）评估等级：无危（LC）

344

绿瘦蛇
Ahaetulla prasina

　　中型后沟牙毒蛇，体长约1.1 m，体形细长如鞭，尾长而细，适于缠绕；头窄长，与颈区分明显，眼较小，眼前后各有1道凹槽，吻端尖呈圆形而略扁平，并超出下颌。通体背面鲜绿色，也有些为浅棕色或暗黄绿色；腹面淡绿色，腹及尾下的侧棱色白，呈两条白色纵线纹。常在枝叶茂密的中小型阔叶林和灌丛中活动，也见于农耕区和道路旁。树栖，取食小型哺乳动物、鸟、蜥蜴、蛙等。国内分布于云南、贵州、西藏；国外分布于印度、孟加拉国、不丹、文莱、柬埔寨、印度尼西亚、老挝、马来西亚、缅甸、菲律宾、新加坡、泰国和越南。

游蛇科 Colubridae，瘦蛇属 *Ahaetulla*
中国评估等级：无危（LC）
世界自然保护联盟（IUCN）评估等级：无危（LC）

346

绿瘦蛇 *Ahaetulla prasina*

金花蛇

Chrysopelea ornata

　　体形中等的后沟牙类毒蛇，体长约80 cm；体色鲜艳，尾修长，有缠绕性；头部长而大，与颈区分明显，眼大，瞳孔圆形。头背面有4条黄色窄横斑纹，背面黄绿色，有100多条黑色横斑纹。生活在热带季雨林中的小型乔木和灌丛中。取食鼠类、蝙蝠、小鸟、蛙、蜥蜴等。国内分布于云南、海南、香港；国外分布于印度、尼泊尔、斯里兰卡、孟加拉国、缅甸、泰国、马来西亚、老挝、柬埔寨、越南、菲律宾。

游蛇科 Colubridae，金花蛇属 *Chrysopelea*
中国评估等级：易危（VU）

过树蛇
Dendrelaphis pictus

　　中等偏大的无毒蛇，体长约1.3 m；头较窄长而吻较宽，与颈区分明显；眼大，瞳孔圆形，眼前颊部有一凹槽；躯尾细长，具缠绕性。背面褐色或灰褐色，颈后及体侧杂有孔雀蓝、棕色各半的鳞片。生活在海拔450～1600 m的热带和南亚热带低山山区，喜在多小树、藤萝蔓生的环境中活动，也会出现在村舍附近瓜棚中。以小型蛙类和蜥蜴为食。国内分布于云南、广西、海南、香港；国外分布于印度、马来西亚、印度尼西亚、孟加拉国、文莱、柬埔寨、老挝、缅甸、尼泊尔、菲律宾、新加坡、泰国、越南。

游蛇科 Colubridae，过树蛇属 *Dendrelaphis*
中国评估等级：无危（LC）

351

八莫过树蛇
Dendrelaphis subocularis

　　中型无毒蛇，体长约80 cm，体尾细长；头部长椭圆形，与颈可明显区分；眼大、瞳孔圆形。背面黑褐色，最外两行背鳞上有一条起于口角、止于肛侧的纵纹，其上半部灰蓝色，下半部浅褐色；腹面灰蓝色。生活于热带季雨林边缘的草地、灌丛及小树上。主要以小型蛙类为食。国内分布于云南；国外分布于柬埔寨、印度尼西亚、老挝、缅甸、泰国和越南。

游蛇科 Colubridae，过树蛇属 *Dendrelaphis*
中国评估等级：数据缺乏（DD）
世界自然保护联盟（IUCN）评估等级：无危（LC）

广西林蛇
Boiga guangxiensis

　　大型林栖后沟牙类毒蛇，体长约1.7 m；头大，与颈区分明显、躯干长而侧扁，尾细长，适于缠绕。头背浅黑色，上唇黄白色，头腹灰白色；体背面橄榄色，体前段具明显的黑色横纹，其间散以朱红色小点，体后段波状横纹灰黑色。国内分布于广西；国外分布于越南、老挝。

游蛇科 Colubridae，林蛇属 *Boiga*
中国评估等级：易危（VU）
世界自然保护联盟（IUCN）评估等级：无危（LC）

353

绿林蛇
Boiga cyanea

　　中型后沟牙毒蛇，体长约1.1 m；头大，呈三角形，与颈区分明显，瞳孔呈垂直椭圆形；躯干切面略呈三角形；尾细长，适于缠绕。头背浅黑色，头腹浅蓝色；体背绿色或橄榄色，腹面浅绿色或浅黄色。生活于山区林中水源丰富的地方。国内分布于云南；国外分布于印度、不丹、尼泊尔、越南、老挝、柬埔寨、泰国、马来西亚。

游蛇科 Colubridae，林蛇属 *Boiga*
中国评估等级：易危（VU）

绿林蛇 *Boiga cyanea*

绿林蛇 *Boiga cyanea*

繁花林蛇
Boiga multomaculata

　　体形中等的后沟牙毒蛇，毒性弱，体长约80 cm；头大呈椭圆形，与颈区分明显，吻端略尖出；躯干和尾细长，适于缠绕。头背有一深棕色向前的"V"形斑，还有两条深棕色纵纹自吻端斜达颌角；体背浅褐色，正背有两行深棕色粗大斑点，彼此交错排列，体侧各有一行较小的深棕色斑点。树栖，多在灌丛和小树上活动，夜行性。捕食小鸟、蜥蜴或树蛙。国内分布于云南、福建、广东、广西、贵州、海南、香港、湖南、浙江；国外分布于马来西亚、柬埔寨、泰国、越南、缅甸、印度、印度尼西亚、孟加拉国、老挝、新加坡。

游蛇科 Colubridae，林蛇属 *Boiga*
中国评估等级：无危（LC）

绞花林蛇
Boiga kraepelini

　　大型后沟牙毒蛇，体长约1.4 m；头大，与颈区分明显，眼大呈椭圆形；躯干长而略侧扁，尾细长，适于缠绕。头背有一深棕色向前的倒"V"形斑，体背和尾背灰褐色或浅紫褐色，有一行粗大不规则、镶黑边的深棕色斑；腹面白色，密布棕褐色或浅紫褐色斑点。树栖，夜行性。国内分布于云南、安徽、福建、台湾、海南、广东、广西、湖南、江西、重庆、贵州、四川、甘肃、浙江；国外分布于老挝和越南。

游蛇科 Colubridae，林蛇属 *Boiga*
中国评估等级：无危（LC）
世界自然保护联盟（IUCN）评估等级：无危（LC）

360

台湾小头蛇
Oligodon formosanus

　　中型无毒蛇，体长约90 cm；头较小，与颈区分不明显，眼小，瞳孔圆形，头部背面有一个"灭"字形斑纹。体背面紫褐色，有黑褐色横斑，有的背面有2条红褐色纵线；腹部黄白色。生活在海拔700 m左右的河谷两岸农耕地中或山地中。取食爬行动物的卵等。国内分布于福建、贵州、广东、广西、湖南、江西、台湾、浙江、云南、海南、香港；国外分布于越南北部。

游蛇科 Colubridae，小头蛇属 *Oligodon*
中国评估等级：近危（NT）
世界自然保护联盟（IUCN）评估等级：无危（LC）

喜山小头蛇
Oligodon albocinctus

　　中小型无毒蛇，体长约70 cm。头小，与颈区分不明显；眼中等大小，瞳孔圆形。头背有似"灭"字的斑纹，体背有镶黑边的紫褐色横斑纹，腹面灰白色。生活在海拔800～1700 m的丘陵、田坝及其附近的草、灌丛中。取食蜥蜴卵、蛙或小型啮齿类动物。国内分布于云南、西藏；国外分布于缅甸、孟加拉国、尼泊尔、不丹、印度、越南。

游蛇科 Colubridae，小头蛇属 *Oligodon*
中国评估等级：近危（NT）

圆斑小头蛇
Oligodon lacroixi

　　体形小，体长约58 cm；头小，与颈区分不明显。头背灰黑色，两眼前有1条白色横纹，前额有1条橘红色色带；体背面深灰色，有4条灰黑色纵纹，内侧2条较宽，背脊有1列等距的橘红色小圆斑；腹面橘红色。生活在海拔1000~2000 m的山区林缘及其附近。主要取食蜥蜴卵。国内分布于云南、四川；国外分布于越南北部。

游蛇科 Colubridae，小头蛇属 *Oligodon*
中国评估等级：近危（NT）
世界自然保护联盟（IUCN）评估等级：易危（VU）

中国小头蛇
Oligodon chinensis

体形中等，体长约70 cm；头小，与颈区分不明显，头背有似"人"字形的斑块。体背褐色或灰褐色，有间距相同的黑褐色粗横纹10余条，其间还有黑色细横纹；腹面淡黄色。生活于平原及山区的林地或农耕地中。夜行性，取食小型脊椎动物或其卵。国内分布于云南、安徽、福建、广西、广东、贵州、河南、江苏、浙江、海南、江西；国外分布于越南北部。

游蛇科 Colubridae，小头蛇属 *Oligodon*
中国评估等级：无危（LC）
世界自然保护联盟（IUCN）评估等级：无危（LC）

366

束纹小头蛇（管状小头蛇）
Oligodon fasciolatus

　　中型蛇；头小，颈粗，头颈粗细一致，吻较突出；头背有略似"灭"字形的斑。体背面棕色或棕灰色，背部有黑色斜线纹；腹面污白色。生活于平原或低山区，见于水田、水洼、路旁、田埂等地。以鱼、虾、蛙等为食。国内分布于云南；国外分布于印度、缅甸、老挝、柬埔寨、马来西亚、尼泊尔、孟加拉国、泰国和越南。

游蛇科 Colubridae，小头蛇属 *Oligodon*
中国评估等级：近危（NT）
世界自然保护联盟（IUCN）评估等级：无危（LC）

紫棕小头蛇
Oligodon cinereus

　　体形小的无毒蛇，体长约52 cm；头较小、与颈区分不明显。头顶枕部有1块倒"V"形黑斑，体背棕红色，背至尾部除波形横纹外，有黑色的横带与横纹相间隔；腹部肉红色，前段两侧具有黑斑点、尾下无斑点。生活于平原及山区的林地或农耕地中。以昆虫和蜘蛛为食。国内分布于云南、福建、广东、海南、广西、贵州、香港；国外分布于孟加拉国、柬埔寨、印度、老挝、马来西亚、缅甸、泰国和越南。

游蛇科 Colubridae，小头蛇属 *Oligodon*
中国评估等级：无危（LC）
世界自然保护联盟（IUCN）评估等级：无危（LC）

三索蛇
Coelognathus radiatus

　　大型无毒蛇，体长近2 m；头略大，与颈区分明显，眼大，瞳孔圆形。通身棕黄色，头枕部有1条黑色横纹，最显著的特征是其眼睛周围有3条呈放射状的黑色条纹，故名"三索蛇"；体侧各有2条较宽的黑色纵纹；腹面浅褐色或灰白色。生活于海拔450～1400 m的盆地、丘陵及河谷地带，常见于山坡草丛、耕地和路边。性情较凶猛，受惊时，身体前段会抬离地面，颈部侧扁作攻击状。主要捕食鼠类，也吃蜥蜴、蛙类、鸟类和小蛇等。国内分布于云南、广西、广东、福建和香港等地；国外分布于印度、尼泊尔、孟加拉国、缅甸、泰国、老挝、柬埔寨、越南、新加坡、马来西亚和印度尼西亚。

游蛇科 Colubridae，三索蛇属 *Coelognathus*
中国评估等级：濒危（EN）
世界自然保护联盟（IUCN）评估等级：无危（LC）

纯绿翠青蛇
Ptyas doriae

　　体形中等大小的无毒蛇，体长约95 cm，体形较修长；头、颈区分明显。体背面纯绿色，上唇和腹面白色。生活在海拔1400 m左右的农耕区。国内分布于云南；国外分布于缅甸、印度。

游蛇科 Colubridae，鼠蛇属 *Ptyas*
中国评估等级：易危（VU）

横纹翠青蛇
Ptyas multicinctus

　　体形中等偏大的无毒蛇，体长约1.2 m，身体修长；头略大，与颈区分明显，眼大，瞳孔圆形。体背面橄榄绿色，体中后段背面两侧各有1行平行排列的黄色短横纹；腹面略带黄白色无斑纹。栖息在海拔1000 m的中山阔叶林区，常见于溪流上方的树上或农耕区附近。以蚯蚓、昆虫等为食。国内分布于云南、海南、广西、广东；国外分布于老挝、泰国和越南。

游蛇科 Colubridae，鼠蛇属 *Ptyas*
中国评估等级：近危（NT）
世界自然保护联盟（IUCN）评估等级：无危（LC）

翠青蛇
Ptyas major

　　中等偏大的无毒蛇，体长约1.3 m，身体修长；头大，与颈区分明显。体背纯绿色，下唇、颌部及体腹面浅黄绿色。生活在海拔1200 m山间盆地的林地、灌丛、草地和农耕区环境中。昼行性，取食蚯蚓、昆虫等。国内分布于云南、重庆、安徽、福建、甘肃、江西、广西、海南、贵州、陕西、上海、四川、浙江、河南、香港、台湾；国外分布于越南。

游蛇科 Colubridae，鼠蛇属 *Ptyas*
中国评估等级：无危（LC）
世界自然保护联盟（IUCN）评估等级：无危（LC）

374

翠青蛇 *Ptyas major*

滑鼠蛇

Ptyas mucosa

　　大型无毒蛇，体长约1.5 m，有的可超过2 m，体形修长；头长椭圆形，长约为宽的2倍，与颈分界明显。体背面深棕色或灰棕色，后部有不规则的黑色横斑，在尾部则形成网状纹；腹面黄白色。主要生活在山区、丘陵、平原地带，常出没于山坡、沟边、农田以及居民点附近，白天多在近水的地方活动。性情凶猛，行动敏捷，善攀爬树木。嗜吃鼠类，也吃蟾蜍、蛙、蜥蜴、鸟等。国内广泛分布于西南、华东和华南地区；国外分布于土库曼斯坦、阿富汗、巴基斯坦、伊朗、印度、尼泊尔、斯里兰卡、孟加拉国、缅甸、老挝、柬埔寨、泰国、越南、马来西亚、印度尼西亚。

游蛇科 Colubridae，鼠蛇属 *Ptyas*
中国评估等级：濒危（EN）
濒危野生动植物种国际贸易公约（CITES）：附录 II

灰鼠蛇
Ptyas korros

　　大型无毒蛇，体修长，成体全长可达2 m以上，呈圆柱形；头大，略呈椭圆形，与颈分界明显，眼大，瞳孔圆形。背面灰黑色或灰棕色，身体后部及尾部的鳞片边缘颜色较深，形成明显的网状纹；唇缘及腹面为淡黄色。栖息于平原、丘陵和山区地带，常见于草丛、灌丛、稻田、路边、村舍附近甚至房屋内。行动敏捷，昼夜都活动，特别是在阴雨天活动频繁。主要捕食鼠类、蛙类、鸟类和蜥蜴，也吃小型蛇。国内分布于云南、福建、广西、广东、贵州、湖南、海南、香港、江西、台湾、浙江；国外分布于印度、孟加拉国、缅甸、老挝、柬埔寨、泰国、越南、马来西亚、印度尼西亚和新加坡。

游蛇科 Colubridae，鼠蛇属 *Ptyas*
中国评估等级：易危（VU）

乌梢蛇
Ptyas dhumnades

　　大型无毒蛇，体长一般2 m，眼大，瞳孔圆形。体背可有灰蓝色、绿褐色或浅黑褐色几种，背脊呈"凸"字形，顶部为金黄色，两侧各有2条黑线贯穿全身，后段及尾部黑线明显，成年个体前段黑线明显；腹面浅黄绿色，无斑纹。喜在灌丛下有杂草的环境中活动，行动迅速，常捕鼠、蛙等动物为食。国内分布于安徽、重庆、云南、甘肃、广西、广东、贵州、湖北、湖南、江西、山西、四川、浙江、台湾；国外分布于越南。

游蛇科 Colubridae，鼠蛇属 *Ptyas*
中国评估等级：易危（VU）

黑网乌梢蛇
Ptyas carinata

　　大型无毒蛇，体长3 m以上；头部与颈部分界明显；眼大、瞳孔圆形。背部棕黄色，颈后开始有黑色横纹，尾部有黄色斑点。多在热带雨林多灌丛的草坡环境中活动，也到农耕区或人类居住区附近活动。地栖为主、行动非常迅速。以鼠类、蜥蜴、蛇为食。国内分布于云南；国外分布于柬埔寨、印度尼西亚、马来西亚、菲律宾、泰国和越南。

游蛇科 Colubridae，鼠蛇属 *Ptyas*
中国评估等级：濒危（EN）
世界自然保护联盟（IUCN）评估等级：无危（LC）

黑线乌梢蛇
Ptyas nigromarginata

　　大型无毒蛇，成体全长可达2 m。头、颈分界显著；眼
大，瞳孔圆形。头背棕灰色，头两侧黄色；身体背部深绿色
或鲜绿色，有整齐的黑色网纹；体后两侧各有2条黑色纵纹
直达尾尖；腹面浅黄绿色。生活在海拔1000～2800 m的丘陵
或山区，常在农耕地、草坡、灌丛和石缝多的环境中活动，
有时也会进入村寨及房舍内。主要在白天活动。行动迅速，
性情凶猛。多以蛙类和鼠类为食。国内分布于西藏、云南、
四川和贵州；国外分布于尼泊尔、印度、不丹、孟加拉国、
缅甸、泰国、越南。

游蛇科 Colubridae，鼠蛇属 *Ptyas*
中国评估等级：易危（VU）

黑线乌梢蛇 *Ptyas nigromarginata*

绿蛇
Rhadinophis prasina

　　体形中等的无毒蛇，身体修长，体长可超过1m；头部与颈区别明显，瞳孔圆形。身体背面绿色或翠绿色，上唇及腹面黄白色或翠绿色；腹两侧有纵行白色条纹。生活于海拔900～2100 m的山区及丘陵地带，常在农耕区、草丛、灌丛中活动。攻击性强，昼行性。以鼠类等小型哺乳动物以及鸟类、蛙类和蜥蜴为食。国内分布于云南、贵州、四川及海南；国外分布于印度、缅甸、泰国、老挝、越南、马来西亚。

游蛇科 Colubridae，绿蛇属 *Rhadinophis*
中国评估等级：易危（VU）
世界自然保护联盟（IUCN）评估等级：无危（LC）

尖喙蛇
Rhynchophis boulengeri

体形大的无毒蛇，细瘦修长，体长可达1.5 m；头较长，与颈部形成明显区别，吻端尖而上翘，形成锥状，故名"尖喙蛇"，也称"锥吻蛇"。通身背面绿色，躯干两侧蓝色或黑色，腹面淡绿色。主要栖息于亚热带林木茂盛的山区。树栖为主，身体缠绕性强，常攀缘在树枝上，其绿色的身体与周围的环境相似，静止时能起到迷惑天敌、欺骗猎物的作用。主要捕食鸟类和小型蜥蜴等。国内分布于广西、云南和海南；国外分布于越南北部。

游蛇科 Colubridae，尖喙蛇属 *Rhynchophis*
中国评估等级：易危（VU）
世界自然保护联盟（IUCN）评估等级：无危（LC）

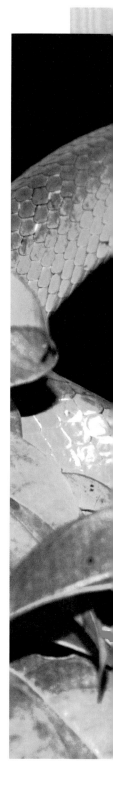

白环链蛇
Lycodon aulicus

　　体形中等的无毒蛇，体长约75 cm；头略大而扁，与颈区分明显，吻端钝圆而扁平，上唇鳞色浅，部分有黑点。背面灰褐色或棕色，枕后有一倒"V"形白斑，体背具白色宽横斑。生活于平原及丘陵地区，捕食蛙类、蜥蜴类及鼠类等。国内分布于云南；国外分布于印度、巴基斯坦、尼泊尔、不丹、缅甸、斯里兰卡、孟加拉国。

游蛇科 Colubridae，链蛇属 *Lycodon*
中国评估等级：近危（NT）

黑背链蛇
Lycodon ruhstrati

    体形中等的无毒蛇，体形修长，体长约1 m；头略大而稍扁，与颈区分明显。头背黑褐色；体背面黑褐色或褐色，有污白色横纹；上唇和腹面污白色。生活于山地的溪边草丛或乱石堆中，也见于农耕地。取食蜥蜴等。国内分布于云南、安徽、福建、甘肃、广东、广西、贵州、江苏、江西、湖南、陕西、四川、浙江、湖北、香港、台湾；国外分布于越南。

游蛇科 Colubridae，链蛇属 *Lycodon*
中国评估等级：无危（LC）
世界自然保护联盟（IUCN）评估等级：无危（LC）

393

细白链蛇
Lycodon subcinctus

　　中型无毒蛇，体长可达1 m，头略大而稍扁，与颈可区分，头背灰褐色，顶部两侧灰白色；体背黑色或黑褐色，前段有污白色横纹6～8条。栖息于海拔800 m以下的山地、平原。以蜥蜴等为食。国内分布于澳门、福建、广东、香港、海南、广西、云南；国外分布于菲律宾、马来西亚、柬埔寨、老挝、泰国、越南、印度尼西亚。

游蛇科 Colubridae，链蛇属 *Lycodon*
中国评估等级：无危（LC）
世界自然保护联盟（IUCN）评估等级：无危（LC）

双全链蛇
Lycodon fasciatus

　　中型无毒蛇，体形修长，体长约90 cm；头稍大而扁平，与颈区别明显。头背黑褐色，枕部有1块"V"形白斑，其两侧向下延伸至口角；全身背腹有黑白相间的带状环纹。生活于海拔1000～2000 m的山区林中灌丛、草丛等。取食蜥蜴等。国内分布于西藏、云南、贵州、广西、湖北、陕西、甘肃、福建、四川、广东、浙江；国外分布于印度、缅甸、泰国、老挝、越南。

游蛇科 Colubridae，链蛇属 *Lycodon*
中国评估等级：无危（LC）

贡山链蛇
Lycodon gongshan

　　体形小的无毒蛇，体长约56 cm；头部扁平，略呈铲状，与颈可区分。头和体背面黑褐色或略带蓝色，具浅黄灰色宽横纹；腹面灰白色。我国特有种，仅分布于云南。

游蛇科 Colubridae，链蛇属 *Lycodon*
中国评估等级：近危（NT）
世界自然保护联盟（IUCN）评估等级：数据缺乏（DD）

397

赤链蛇
Lycodon rufozonatus

　　体形中等偏大的无毒蛇，体长约1.2 m；头大，与颈区分明显。背面黑褐色，有约等距离排列的红色横斑；腹面污白色，散有少量黑褐色斑点。生活在海拔800～2000 m的山区或河谷两岸，喜栖息在农田或旱地土埂下的石缝中。夜行性，以小型鼠类、蛙类、蜥蜴、其他蛇类和小鸟为食。国内分布于云南、西藏、安徽、福建、贵州、广东、广西、海南、河南、黑龙江、湖南、湖北、江苏、江西、吉林、辽宁、山东、山西、台湾、四川、河北、重庆、甘肃、陕西、浙江；国外分布于日本、韩国、朝鲜、俄罗斯和越南。

游蛇科 Colubridae，链蛇属 *Lycodon*
中国评估等级：无危（LC）
世界自然保护联盟（IUCN）评估等级：无危（LC）

398

黄链蛇
Lycodon flavozonatus

　　体形中等偏大的无毒蛇，体修长，体长约1.1 m；头宽而扁平，与颈区别明显，枕背有倒"V"形黄色斑；体背面黑褐色，有大约等距离排列的黄色窄横斑；腹面污白色。生活于南亚热带海拔1100 m以下植被繁茂的河谷或丘陵地区。取食蛙、蜥蜴、小鸟或其他蛇类。国内分布于云南、安徽、福建、贵州、海南、江西、四川、湖南、广东、广西、浙江；国外分布于老挝和越南。

游蛇科 Colubridae，链蛇属 *Lycodon*
中国评估等级：无危（LC）
世界自然保护联盟（IUCN）评估等级：无危（LC）

399

北链蛇
Lycodon septentrionalis

　　体形中等偏大的无毒蛇，体修长、体长约1.3 m；头宽而扁平，与颈区别明显。体背面黑褐色、有大约等距离排列的白色窄横斑；腹面黄白色。生活在热带或南亚热带阔叶林茂盛的河谷或林缘地带，也常见于农耕区。以蛙、鼠和蜥蜴为食。国内分布于云南；国外分布于印度、不丹、缅甸、越南、柬埔寨。

游蛇科 Colubridae，链蛇属 *Lycodon*
中国评估等级：无危（LC）

方花蛇
Archelaphe bella

　　体形中等的无毒蛇，体长约1 m；头较小、与颈部区别不明显。身体背面紫灰色或淡紫色，头背有镶黑边的铅色"Y"形斑；体背面有中间浅色周围黑色的方形斑，故得其名；腹面黄白色，有黑色斑块。生活在海拔1000～2800 m的中高山山区，常出没于较潮湿的阔叶林中，有时见于林间空地、路旁草丛中。以蜥蜴等为食。国内分布于云南、四川、湖南、福建、广东和广西；国外分布于印度、缅甸和越南。

游蛇科 Colubridae，方花蛇属 *Archelaphe*
中国评估等级：易危（VU）
世界自然保护联盟（IUCN）评估等级：无危（LC）

玉斑蛇
Euprepiophis mandarinus

　　体形中等的无毒蛇，身体修长呈圆柱形，成体全长1 m以上；头部较小，呈椭圆形。体色鲜艳，头背有黑黄相间的三条黑斑，第三条呈"V"字形；体背色泽驳杂，一般由灰黄色、棕灰色、黑色和黄色构成，一行较大的内黄外黑的菱形斑极为明显；腹面灰黄色或黄白色。生活于海拔200～1400 m的平原、丘陵、山区林地或农耕区，常在水沟边、山地草丛中、民宅附近活动。主要以鼠类、蜥蜴等为食。国内广泛分布于西南、西北、华北、华东和华南等地区；国外分布于印度、老挝、越南和缅甸。

游蛇科 Colubridae，玉斑蛇属 *Euprepiophis*
中国评估等级：易危（VU）
世界自然保护联盟（IUCN）评估等级：无危（LC）

紫灰蛇
Oreocryptophis porphyraceus

　　中型无毒蛇，体形修长，体长约1 m；头、颈可区别。体背紫红色或紫灰色，头背有3条黑色纵纹；体背有14～16块马鞍形横斑，尾部3～6块；体后段两侧各有2条黑褐色纵纹达尾尖。生活在海拔1500～2400 m的山区林地及其边缘，常见于农耕地附近活动或觅食。食物为鼠类等。国内分布于云南、河南、甘肃、重庆、四川、贵州、西藏、海南、香港、台湾；国外分布于印度、不丹、缅甸、泰国、老挝、柬埔寨、越南、尼泊尔、马来西亚、新加坡、印度尼西亚。

游蛇科 Colubridae，紫灰蛇属 *Oreocryptophis*
中国评估等级：无危（LC）

百花晨蛇
Orthriophis moellendorffi

　　大型无毒蛇，体长可超过2 m，体色鲜艳美丽；头大呈梨形，与颈部区分明显。头部背面绛红色，唇部灰色；体背灰绿色，具有3行略呈六角形的棕色大斑，中间的一行较大，边缘蓝黑色；尾背黑色，有10余个淡红色横斑；腹面白色，具有黑白相间的方格斑。栖息于海拔300 m以下的山区，见于岩缝或乱石茅草丛中，在路边、水沟及河旁也有发现。以食鼠为主，也吃鸟类、蜥蜴类、蛙类。国内分布于广东、贵州和广西；国外分布于越南北部。

游蛇科 Colubridae，晨蛇属 *Orthriophis*
中国评估等级：濒危（EN）
世界自然保护联盟（IUCN）评估等级：易危（VU）

黑眉晨蛇
Orthriophis taeniurus

　　体形较大的无毒蛇，身体修长，体长可达2 m以上；头部椭圆形，与颈部区别明显，因眼后有一道黑色眉纹而得名。通体背面灰色，或为灰棕色、黄绿色；上唇及下颌面为浅黄色；身体前段和中段有黑色梯状或蝶状的斑纹，后段有4条黑色纵纹一直延伸到尾端；腹面浅灰色，前半部有断断续续的黑斑，后半部呈黑色纵链纹。生活在海拔3000 m以下的山区、山间盆地和高原丘陵地带，常见于林地、灌丛、草丛、农田、路边以及村寨附近甚至屋内。昼行性为主，行动迅速。性情较凶猛，受惊时，身体前段会抬起，颈部侧扁呈"S"形，做出随时攻击的姿势。主要以鼠类、蛙类、蜥蜴和昆虫等为食，也觅食小鸟和鸟卵。国内分布广泛，除黑龙江、吉林、辽宁、山东、内蒙古、宁夏、新疆、青海等省外，几乎遍及其他各地；国外分布于俄罗斯、日本、朝鲜、印度、缅甸、柬埔寨、泰国、老挝、越南、马来西亚和印度尼西亚。

游蛇科 Colubridae，晨蛇属 *Orthriophis*
中国评估等级：濒危（EN）

坎氏晨蛇
Orthriophis cantori

　　体形中等偏大的无毒蛇，体长约1.5 m；头大，与颈部区分明显；头背亮灰绿色，无斑；体背墨绿色，有多条灰绿色和浅灰绿色的宽横斑，横斑中布满深绿色小斑块。生活在海拔1200～1800 m的山区，常见于林地、灌丛。昼行性为主，行动迅速。主要以鼠类、蛙类、蜥蜴、小鸟等为食。国内见于西藏；国外分布于印度、尼泊尔、不丹和缅甸。

游蛇科 Colubridae，晨蛇属 *Orthriophis*
中国评估等级：数据缺乏（DD）

414

王锦蛇
Elaphe carinata

　　大型无毒蛇，体长约2 m；头较大，与颈部区分明显。色斑变异较大，尤其是幼体与成体大不相同，往往被误以为是其他蛇种；头部背面前段，由黑色和黄色构成的"王"字形斑是其显著特征，故有"王蛇"之称；体背主要由棕黄色、绿黄色和黑色混杂的横斑组成，呈油菜花样，所以又被称为"菜花蛇"；腹面黄色。分布在海拔2400 m以下的山地、丘陵以及开阔的河谷地带，常在山区林缘、草坡、岩壁、路边、农耕地以及灌丛丛生的环境中活动。性情凶猛，行动迅速，善于攀缘。捕食蛙、蜥蜴、其他蛇、鸟、鼠以及蛇卵和鸟蛋等。国内分布于云南、安徽、福建、广东、广西、贵州、河南、湖南、湖北、江苏、江西、陕西、重庆、四川、台湾、浙江；国外分布于越南和日本。

游蛇科 Colubridae，锦蛇属 *Elaphe*
中国评估等级：濒危（EN）

王锦蛇 *Elaphe carinata*

白条锦蛇
Elaphe dione

体形中等的无毒蛇，体长约1 m；头略大，与颈区分明显，躯尾修长；眼后有一镶黑色边的深褐色纵纹斜向口角，枕背黑褐色纵纹大；体背面深褐色或棕黄色，有3条黄白色或棕色纵线，整体形成深浅相间的纵纹。体背正面还有若干暗褐色的短斑横跨左右；腹面白色，有黑色斑点。栖息于平原、丘陵、山地的常绿阔叶林或落叶阔叶林下。取食鼠、鸟以及鱼、蛙和蜥蜴。国内分布于安徽、北京、甘肃、河北、河南、黑龙江、湖北、江苏、吉林、辽宁、内蒙古、宁夏、青海、山东、陕西、山西、上海、四川、天津、新疆；国外分布于俄罗斯、阿富汗、伊朗、韩国和朝鲜。

游蛇科 Colubridae，锦蛇属 *Elaphe*
中国评估等级：无危（LC）
世界自然保护联盟（IUCN）评估等级：无危（LC）

双斑锦蛇
Elaphe bimaculata

　　中型无毒蛇，体长约80 cm；头略大，与颈区分明显，头背灰褐色，有红褐色钟形斑，头侧有一黑条纹自吻端到达口角；体背面有深浅色相间的纵纹若干条，正背有红褐色哑铃形斑块；腹面浅灰色，有若干浅褐色斑。生活于平原、丘陵、低山区，常见于草坡、路边、村寨周围的灌丛、草丛中。取食鼠类、蜥蜴等。我国特有种，分布于安徽、重庆、甘肃、内蒙古、河北、河南、湖北、湖南、江苏、江西、山东、山西、陕西、上海、四川、浙江。

游蛇科 Colubridae，锦蛇属 *Elaphe*
中国评估等级：无危（LC）
世界自然保护联盟（IUCN）评估等级：无危（LC）

草腹链蛇
Amphiesma stolatum

　　小型无毒蛇，体长约60 cm；头与颈区分明显。头部背面暗褐略带红色，腹面白色；体背暗棕色，侧面各有1条浅褐色纵纹，纵纹与黑色横斑相连，凡相交处都有一个白色的点斑；腹部白色，两外侧有黑褐色斑点；尾腹面白色无斑。见于平原、丘陵、低山地区，多见于静水水域附近及山坡、草丛、耕地旁。多以蛙为食。国内分布于安徽、福建、云南、广东、贵州、河南、香港、海南、湖南、江西、台湾、浙江；国外分布于斯里兰卡、印度、不丹、缅甸、泰国、越南、老挝、柬埔寨、尼泊尔、巴基斯坦。

游蛇科 Colubridae，腹链蛇属 *Amphiesma*
中国评估等级：无危（LC）

424

丽纹腹链蛇
Hebius optatum

　　中小型无毒蛇，体长约70 cm；头细长，与颈区分明显；头颈背面暗红棕色，眼后各有1条白线并在颈部汇合，头侧黄白色，有不规则的绛红色斑，头腹白色，有粗大的黑褐色斑；体背黑褐色，有等距离间断排列的黄白色横纹；腹部黄白色。生活于山区，栖于溪涧及其附近草丛中或乱石下；半水栖，以鱼为食。国内分布于广西、贵州、湖南、四川、重庆、云南；国外分布于越南。

游蛇科 Colubridae，东亚腹链蛇属 *Hebius*
中国评估等级：无危（LC）
世界自然保护联盟（IUCN）评估等级：无危（LC）

锈链腹链蛇
Hebius craspedogaster

中小型无毒蛇，体修长，体长约63 cm；头较大，头和颈可明显区分；头枕部两侧各有1个铁锈色椭圆形枕斑；躯干及尾背面黑褐色，两侧各有1行浅黄色纵纹，沿纵纹上有1列铁锈色斑点；腹面淡黄色，有腹链纹。生活在山区常绿阔叶林中，也常在草甸、岩石堆、农耕地中看到。半水栖，取食蛙、蝌蚪、小鱼。国内分布于西藏、云南、安徽、河南、重庆、福建、广东、广西、甘肃、贵州、江苏、江西、四川、湖北、湖南、陕西、山西、浙江；国外分布于越南。

游蛇科 Colubridae，东亚腹链蛇属 *Hebius*
中国评估等级：无危（LC）
世界自然保护联盟（IUCN）评估等级：无危（LC）

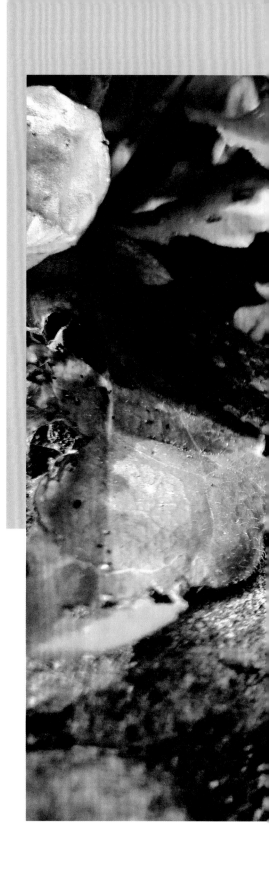

白眉腹链蛇
Hebius boulengeri

　　小型无毒蛇，体长约58 cm；头略成椭圆形，与颈可区分；头背黑褐色，两侧眼后各有1条白色细纹；体背暗褐色，有两条浅褐色纵纹通达尾末，体和尾腹面两侧有黑色粗大点斑，前后连缀成黑色腹链纹。生活于山间盆地小溪附近或稻田、小路旁，也见于草丛或灌丛内。取食鱼、蛙等。国内分布于福建、江西、香港、海南、广东、广西、贵州、云南；国外分布于越南和柬埔寨。

游蛇科 Colubridae，东亚腹链蛇属 *Hebius*
中国评估等级：无危（LC）
世界自然保护联盟（IUCN）评估等级：无危（LC）

429

八线腹链蛇
Hebius octolineatum

　　体形中等的无毒蛇，体长约83 cm；头颈可以区分；体背面有深浅色相间的8条纵纹，故得其名。头背暗褐色，躯干和尾的色斑变异较大；腹部两侧有黑色鳞片点缀形成的腹链纹。生活在地势平缓的山区静水水域，如稻田、池塘及其附近有丰富水草覆盖的环境中。半水栖，主要以在静水中生活的蛙类和小鱼为食。我国特有种，分布于云南、贵州、四川、广西。

游蛇科 Colubridae，东亚腹链蛇属 *Hebius*
中国评估等级：无危（LC）
世界自然保护联盟（IUCN）评估等级：无危（LC）

坡普腹链蛇
Hebius popei

　　小型无毒蛇，体长约51 cm；头略大，与颈部区分明显；头背土红色，口角处有一浅色圆斑，枕侧有一较大的浅色椭圆形斑；体背灰棕色，有由浅色短横斑连成的纵贯全身的线纹；腹黄白色，两侧黑棕色，并在腹内侧形成链状带直至尾端。生活于山地森林中的溪流旁或农耕地附近。半水栖，主要取食蛙类。国内分布于云南、贵州、广东、广西、海南、湖南；国外分布于越南。

游蛇科 Colubridae，东亚腹链蛇属 *Hebius*
中国评估等级：无危（LC）
世界自然保护联盟（IUCN）评估等级：无危（LC）

棕黑腹链蛇
Hebius sauteri

　　小型无毒蛇，体长约46 cm；头略大，与颈区分明显。头顶黑褐色，无色斑，头腹面灰白色；体背面黑褐色，镶黑边的浅色短横斑前后连缀成纵行点线；腹面有腹链纹。生活于山区河流或小溪旁的草甸、灌丛和树林中。半水栖，取食蛞蝓、蝌蚪及蚯蚓等。国内分布于江西、湖北、广西、广东、香港、福建、台湾、四川、贵州、重庆、云南；国外分布于越南北部。

游蛇科 Colubridae，东亚腹链蛇属 *Hebius*
中国评估等级：无危（LC）
世界自然保护联盟（IUCN）评估等级：无危（LC）

棕网腹链蛇
Hebius johannis

　　体形中等的无毒蛇，体长约75 cm；头、颈可以区分。头背面橄榄色，上下唇黄色，枕侧各有1黄色枕斑；体背棕褐色，有黑色网纹，并有浅色斑点前后连成的不明显侧纵纹；腹面有腹链纹，链纹外侧黑褐色，链纹之间浅黄色。生活在海拔1200～2700 m的山区水域附近。半水栖，取食泥鳅、黄鳝等。我国特有种，分布于云南、贵州、四川。

游蛇科 Colubridae，东亚腹链蛇属 *Hebius*
中国评估等级：无危（LC）

卡西腹链蛇
Hebius khasiense

　　体形中小的无毒蛇，体长约65 cm。头、颈可区分，头背面有浅色虫纹；体背棕黑色，两侧各1条略显棕色的纵纹；腹黄白色，外侧两边均有棕黑色点连成的链状线纹直至尾端。生活在海拔600～1600 m的山区，半水栖，多在水草丰富的水域附近活动。国内分布于云南、西藏；国外分布于印度、缅甸、老挝、越南和泰国。

游蛇科 Colubridae，东亚腹链蛇属 *Hebius*
中国评估等级：数据缺乏（DD）

缅北腹链蛇
Hebius venningi

　　小型无毒蛇，体长约50 cm；头、颈区分明显。头顶具不明显的虫状纹；背面以暗灰色为主，从眼到尾前段两侧各有1条淡黄色条纹；腹面中部有3个黑色斑，连缀成3行纵纹，正中一行柱形黑斑变异较大，有的颜色较浅，两侧斑多为倒三角形；尾腹面多为一致的暗黑色。半水栖，生活于山区溪流或河流边，夜间活动，常缠绕在沟边小灌丛枝干上。取食蛙及蝌蚪。国内分布于云南；国外分布于缅甸、印度。

游蛇科 Colubridae，东亚腹链蛇属 *Hebius*
中国评估等级：易危（VU）
世界自然保护联盟（IUCN）评估等级：无危（LC）

黑带腹链蛇
Hebius bitaeniatum

　　中等偏小的无毒蛇，体长约63 cm；头、颈区分明显，身体背部棕黑色，头两侧自眼后经体侧各有1条浅色宽纵带，其下为黑色纵带贯穿至尾末端；腹鳞两侧各有1个黑点，前后连接形成1条链纹。生活在海拔1400 m左右的河谷山区和农耕区。国内分布于云南；国外分布于缅甸、泰国和越南。

游蛇科 Colubridae，东亚腹链蛇属 *Hebius*
中国评估等级：近危（NT）
世界自然保护联盟（IUCN）评估等级：无危（LC）

颈棱蛇
Pseudoagkistrodon rudis

　　体形中等的无毒蛇，体长约1 m，体粗尾短；头大，略呈三角形，与颈可明显区分，头背面黑褐色，两侧各有1条细黑线，线以上黑褐色，线以下土黄色或土红色；身体背面黄褐色，有若干近方形或椭圆形的黑褐色大斑块；尾背黑褐色斑块变窄长；腹黄褐色，有黑色散状斑块。生活在海拔600~2600 m的山区，常见于草甸、河谷、路旁灌丛或乱石堆中。取食蛙和蜥蜴类。我国特有种，分布于云南、安徽、河南、福建、广东、广西、四川、贵州、湖南、江西、浙江和台湾。

游蛇科 Colubridae，伪蝮蛇属 *Pseudoagkistrodon*
中国评估等级：无危（LC）
世界自然保护联盟（IUCN）评估等级：无危（LC）

黑纹颈槽蛇
Rhabdophis nigrocinctus

　　体形中等的无毒蛇，体长约1 m；颈背沟明显，颈部有一粗宽的黑色横斑，头部两侧眼下、眼后、颈侧各有一黑色线纹。身体背面橄榄色，有约等距离排列的黑色横纹，或跨体背，或居于一侧；腹面黄白色，后段密布棕色细点。生活在低地森林中的水流附近，半水栖。国内分布于云南、四川；国外分布于柬埔寨、老挝、缅甸、泰国。

游蛇科 Colubridae，颈槽蛇属 *Rhabdophis*
中国评估等级：近危（NT）
世界自然保护联盟（IUCN）评估等级：无危（LC）

446

红脖颈槽蛇
Rhabdophis subminiatus

　　体形中等的无毒蛇，体长约1 m；头、颈部区分明显，颈背部颈沟明显。身体背部橄榄绿色或草绿色，颈背及体前段皮肤猩红色，背脊有1块纵列短横斑，体侧各有2行镶黑边的灰蓝色方形小斑，直至尾端；腹部黄白色或灰蓝色。生活在水源地附近，常见于森林、农耕区环境。半水栖，以蛙类和鱼类为食。国内分布于云南、福建、广东、广西、贵州、香港、四川；国外分布于孟加拉国、不丹、文莱、柬埔寨、印度、印度尼西亚、老挝、马来西亚、缅甸、尼泊尔、泰国和越南。

游蛇科 Colubridae，颈槽蛇属 *Rhabdophis*
中国评估等级：无危（LC）
世界自然保护联盟（IUCN）评估等级：无危（LC）

447

虎斑颈槽蛇
Rhabdophis tigrinus

　　体形中等的无毒蛇，体长约1 m；颈背颈沟明显。头背面绿色，眼下方及斜后方各有1条粗黑纹，头腹面白色；躯干前段两侧有黑色与橘红色相间排列的粗大斑块，黑色斑块向后方延伸，但橘红色渐消失；腹面黄绿色。生活在水草较丰富的地方，如水沟、池塘及农田等。昼行性，以蛙类、小鱼为食。国内分布于除新疆以外的全国各地；国外分布于俄罗斯、朝鲜、韩国、日本、越南。

游蛇科 Colubridae，颈槽蛇属 *Rhabdophis*
中国评估等级：无危（LC）

颈槽蛇
Rhabdophis nuchalis

　　体形中等偏小，体长约65 cm；头、颈略可区分；颈背有颈沟、两侧隆起明显。通体背面橄榄绿色，杂以绛红色和黑色斑；腹面暗绿色或灰蓝色，有绛红色小斑点。生活于中山山区，多在农耕地附近、小路旁的草丛和乱石堆中活动，昼行性，有群居习性。以蠕虫、蚯蚓或蛞蝓为食。国内分布于西藏、云南、贵州、广西、湖北、河南、陕西、四川、甘肃；国外分布于越南。

游蛇科 Colubridae，颈槽蛇属 *Rhabdophis*
中国评估等级：无危（LC）
世界自然保护联盟（IUCN）评估等级：无危（LC）

缅甸颈槽蛇
Rhabdophis leonardi

　　体形小的无毒蛇，体长约60 cm；颈背有1条纵沟。颈两侧有1对镶黑边的土红色
颈斑；身体背面橄榄绿色或橄榄棕色，杂以绛红色及黑色斑点；躯尾腹面砖灰色，
密布绛红色斑点。生活在中山带地区草甸或农耕区附近的草丛或灌丛中。白昼活
动，取食蚯蚓或蛞蝓。国内分布于云南、四川、西藏；国外分布于缅甸。

游蛇科 Colubridac，颈槽蛇属 *Rhabdophis*
中国评估等级：无危（LC）
世界自然保护联盟（IUCN）评估等级：无危（LC）

异色蛇（渔游蛇）
Xenochrophis piscator

  体形中等的无毒蛇，体长约88 cm，体圆而粗壮；头、颈区分明显，头顶有1条短白纵纹，眼下方有两条黑色细线纹，颈部有一"V"形黑斑；身体背面橄榄绿色，两侧有黑色斑块或横纹；腹面灰白色，有黑色的横纹。生活于平原、丘陵或低山地区，多在水沟、水稻田或池塘中出现。半水栖，以蛙类、小鱼和蜥蜴等为食。国内分布于云南、安徽、福建、湖北、湖南、广东、广西、贵州、海南、江西、浙江、江苏、陕西、台湾、西藏；国外分布于印度、孟加拉国、不丹、尼泊尔、缅甸、泰国、老挝、越南、马来西亚、新加坡。

游蛇科 Colubridae，异色蛇属 *Xenochrophis*
中国评估等级：无危（LC）

异色蛇（渔游蛇）*Xenochrophis piscator*

黄斑异色蛇（黄斑渔游蛇）
Xenochrophis flavipunctatus

　　体形小的无毒蛇，体长50 cm；头、颈区分明显，瞳孔圆形，鼻孔背侧位，眼后下方有两条黑色细线纹，分别斜达上唇缘和口角；体色变化较大，自颈后至尾有黑色网纹，网纹两侧有醒目的黑斑；腹面色白，有黑白相间的横纹。栖息于山区丘陵、平原及田野的河湖、水塘边。半水栖，夜行性，主要猎捕小鱼，兼食蛙、蟾蜍等。当受到惊吓时，它会抬起身体前部，做出攻击的姿势。国内分布于西南地区和长江以南地区；国外分布于印度、泰国、缅甸、马来西亚、柬埔寨、老挝、越南、孟加拉国。

游蛇科 Colubridae，异色蛇属 *Xenochrophis*
中国评估等级：无危（LC）
世界自然保护联盟（IUCN）评估等级：无危（LC）

滇西蛇
Atretium yunnanensis

　　中等大小的无毒蛇，体长68～94 cm；头与颈略有区别。身体背面橄榄棕色，躯干前部背鳞边缘黑色，整体形成不规则的黑色网纹；腹面浅黄色，腹鳞两侧边缘黑色。生活在热带或亚热带地区，常见于池塘、河谷沼泽和水稻田及其附近。水栖，以蛙类、鱼类和鼠类为食。我国特有种，仅分布于云南。

游蛇科 Colubridae，滇西蛇属 *Atretium*
中国评估等级：无危（LC）
世界自然保护联盟（IUCN）评估等级：无危（LC）

侧条后棱蛇
Opisthotropis lateralis

　　小型无毒蛇，体长约32 cm；吻短而宽，躯干圆柱形，体背橄榄棕色，色泽均匀，体背两侧有由鳞片不同而形成的明显的深暗色纵纹，背鳞平滑或起棱；腹面黄白色，背腹两色截然分明。生活在林区或丘陵的河流、溪流或岸边。半水栖，夜行性为主，主要捕食淡水虾蟹或小鱼。国内分布于香港、广西、贵州；国外分布于越南北部。

游蛇科 Colubridae，后棱蛇属 *Opisthotropis*
中国评估等级：无危（LC）
世界自然保护联盟（IUCN）评估等级：无危（LC）

山溪后棱蛇
Opisthotropis latouchii

　　小型无毒蛇，体长约54 cm；身体背面棕黄色，有多条黑色和黄色相间的纵纹，背鳞起棱；腹面淡黄色。生活于山溪中，喜潜伏在岩石、沙砾、腐烂植物下觅食。半水栖，取食水生小动物和蚯蚓等。我国特有种，分布于贵州、重庆、四川、安徽、福建、广东、广西、湖南、江西、浙江。

游蛇科 Colubridae，后棱蛇属 *Opisthotropis*
中国评估等级：无危（LC）
世界自然保护联盟（IUCN）评估等级：无危（LC）

环纹华游蛇
Sinonatrix aequifasciata

　　体形中等的无毒蛇，体长约1 m，头前端略窄，躯体粗壮。头背灰褐色，头腹灰白色；体背棕褐色，通身有粗大黑色的"X"形斑块；体侧及腹面黄白色。生活在海拔2000 m以下的平原、丘陵和山区，多见于地形较开阔的河边、溪流中，能爬到岸边或水面上的灌木上。白天活动，半水栖，主要以鱼类等水栖动物为食，也吃蛙类。国内分布于浙江、福建、江西、湖南、广东、香港、海南、广西、四川、重庆、贵州和云南；国外分布于越南和老挝。

游蛇科 Colubridae，华游蛇属 *Sinonatrix*
中国评估等级：易危（VU）
世界自然保护联盟（IUCN）评估等级：无危（LC）

乌华游蛇
Sinonatrix percarinata

　　体形中等的无毒蛇，体长约1.1 m；头、颈可区分，体较粗壮。身体背面暗橄榄绿色或青灰色，体侧橘红色，通身具黑色环纹围绕，背正中由于基色较深，环纹不明显，体侧的则清晰可见；腹面污白色，环纹往往模糊不清，形成灰褐色碎点。栖息在海拔100～1650 m的平原、丘陵或山区，常见于溪流或水田及其附近。白天活动，行动敏捷。主要以蛙类、小鱼、蝌蚪等为食。国内分布于上海、江苏、浙江、安徽、福建、台湾、江西、河南、湖北、湖南、广东、香港、海南、广西、四川、重庆、贵州、云南、陕西、甘肃等地；国外分布于印度、缅甸、泰国和越南。

游蛇科 Colubridae，华游蛇属 *Sinonatrix*
中国评估等级：易危（VU）
世界自然保护联盟（IUCN）评估等级：无危（LC）

462

云南华游蛇
Sinonatrix yunnanensis

　　体形中等的无毒蛇，体长1 m左右，头、颈区别不甚明显。通身棕褐色，头背面无斑纹，从颈部到尾端有较宽的黑色横斑，每2条横斑在体侧面交叉呈斜"十"字形，大多数横斑都横穿腹面构成环纹；腹面黄白色。生活于海拔较高的亚热带山区的有水环境中，也见于水田中。水栖为主。国内仅发现于云南中南部山区；国外见于泰国和越南。

游蛇科 Colubridae，华游蛇属 *Sinonatrix*
中国评估等级：易危（VU）
世界自然保护联盟（IUCN）评估等级：无危（LC）

四川温泉蛇
Thermophis zhaoermii

　　体形中等的无毒蛇，体长约82 cm；头、颈区分明显。上颌齿16～17枚。头背灰绿色，眼后有一灰色纹斜向口角并与体侧纵纹相连，头腹浅黄色；体背橄榄绿色，体背色彩是我国已知三种温泉蛇中最鲜亮的，有3行暗褐色斑块，中间1行较大，背两边外侧还有数条深浅相间的细纵纹；腹面黄绿色。生活于海拔3000 m以上高原温泉的溪流或附近的乱石堆中。以鱼类和蛙类为食。我国特有种，仅分布于四川。

游蛇科 Colubridae，温泉蛇属 *Thermophis*
中国评估等级：极危（CR）
世界自然保护联盟（IUCN）评估等级：濒危（EN）

温泉蛇
Thermophis baileyi

　　体形中等的无毒蛇，体长约82 cm；头、颈区分明显。上颌齿22枚。头背灰绿色，眼后有一灰色纹斜向口角并与体侧纵纹相连，头部浅黄色；体背浅橄榄绿色，有3行暗褐色斑块，中间1行较大，背两边外侧还有数条深浅相间的细纵纹；腹面黄绿色。生活于海拔3700～4400 m高原温泉的溪流或附近的乱石堆中。以鱼类和蛙类为食。我国特有种，分布于西藏。

游蛇科 Colubridae，温泉蛇属 *Thermophis*
中国评估等级：极危（CR）
世界自然保护联盟（IUCN）评估等级：近危（NT）

香格里拉温泉蛇
Thermophis shangrila

　　体形中等的无毒蛇，体长约82 cm；头、颈区分明显。上颌齿15枚。头背灰绿色，眼后有一灰色纹斜向口角并与体侧纵纹相连，头腹浅黄色；体背橄榄绿色，色彩比温泉蛇鲜亮，有3行暗褐色斑块，中间1行较大，背两边外侧还有数条深浅相间的细纵纹；腹面黄绿色。生活于海拔3200～3400 m高原温泉的溪流或附近的乱石堆中。以鱼类和蛙类为食。我国特有种，分布于云南西北部。

游蛇科 Colubridae，温泉蛇属 *Thermophis*
中国评估等级：极危（CR）

467

新属和新种补遗

新 属

巴坡树蜥属　新属
Bapocalotes gen. nov.

模式种：巴坡树蜥*Bapocalotes bapoensis*（原西藏树蜥巴坡亚种*Calotes kingdonwardi bapoensis*，Yang, Su and Li 1979）。

鉴别特征：背部鳞片较大，且大小不一致，大鳞片聚成片状或簇状，鳞片尖端不向后上方倾斜。与拟树蜥属的区别在于体形粗壮（拟树蜥属身体细长），颈背部中央鬣鳞较宽大（拟树蜥属细小而尖），背部大鳞片与小鳞片各自成片（拟树蜥属的背部大鳞片多镶嵌于小鳞片之间）。

分布：云南。

分类：目前已知仅1种。

定名人：1. 饶定齐　中国科学院昆明动物研究所
　　　　　2. 辉　洪　中国科学院昆明动物研究所

细鳞树蜥属　新属
Microlepis gen. nov.

模式种：细鳞树蜥*Microlepis microlepis*（原细鳞树蜥*Calotes microlepis* Boulenger，1888）。

鉴别特征：背部鳞片细小，并杂以较大且起棱鳞片，鳞片尖端不向后上方倾斜；体形细长；吻长。

分布：中国南部及东南亚。

分类：目前已知仅1种。

定名人：饶定齐　中国科学院昆明动物研究所

图1. 巴坡树蜥属、拟树蜥属、细鳞树蜥属和树蜥属背部鳞片形状及排列方式
上：从左到右为巴坡树蜥属（巴坡树蜥）、拟树蜥属（蚌西拟树蜥）、细鳞树蜥属（细鳞树蜥）；下：树蜥属，从左到右为棕背树蜥、白唇树蜥、变色树

新 种

霞若龙蜥 新种
Diploderma xiaruoense sp. nov.

模式标本： 2014002714，云南省迪庆藏族自治州德钦县霞若乡，采集时间：
2014.07.06。

副模标本： 2014002715-6，云南省迪庆藏族自治州德钦县霞若乡，采集时间：
2014.07.06。2014002717-8，云南省迪庆藏族自治州德钦县霞若乡。

鉴别特征： 与帆背攀蜥相似，但头背侧面非黑色，体背和体侧非黑色，体背有6条黑
色近三角形斑纹；尾棕黄色直至尾末梢，有深色横纹。雄性颈部和背部全段背脊能
隆起呈驼峰状，生活于海拔2500m左右的金沙江山谷地区。

分布： 我国特有种，分布于云南金沙江上游河谷。

定名人： 饶定齐　中国科学院昆明动物研究所

木里龙蜥 新种
Diploderma muliense sp. nov.

模式标本： 2013000433，四川省凉山彝族自治州木里藏族自治县下麦地乡，采集时
间：2014.05.16。

副模标本： 2013000434-9，四川省凉山彝族自治州木里藏族自治县下麦地乡，采集
时间：2014.05.16。

鉴别特征： 头较短宽，吻棱明显，头顶鳞片具棱，鼓膜被鳞，雄蜥繁殖季节喉囊近
似三角形；雄性颈鬣较雌性发达，背脊隆起明显，背鳞覆瓦状排列，起棱明显；四
肢较强。体色灰褐色为底，喉囊蓝绿色，体侧具有金黄色纵纹，并在近腹部一侧散
布金黄色斑点。生活于荒坡以及小树、灌丛上。

分布： 我国特有种，分布于四川、云南。

定名人： 1. 饶定齐　中国科学院昆明动物研究所
　　　　　2. 宋心强　中国科学院昆明动物研究所

469

维西龙蜥　新种
Diploderma weixiense sp. nov.

正模标本： 20140074，雄性成体。2013年5月12日采自云南省迪庆藏族自治州维西傈僳族自治县叶枝镇。

副模标本： 20140075（雄）、20140076（雌），20140077-80（幼体）。采集时间与地点均与正模相同。

鉴别特征： 雄性头背和头侧深褐色为主，头侧眼前和眼下区域浅深色，5条辐射状黑纹，喉部略显白色，具有黑色线纹，有喉囊，喉囊为蓝色，鼓膜被鳞；背脊棕色，具有5个横跨背脊的深褐色斑纹，体侧、背部外侧、四肢棕褐色为主，背脊两侧各有1条深绿色纵带纹，腹侧散有浅绿色大鳞片；背鬣不发达；体腹部白色。雌性头背和头侧棕黄色为主，头侧眼前和眼下区域浅白色，眼眶周围放射性条纹不明显；头背有黑色横纹；体背脊为棕黄色，有3条横跨背脊的黑色横纹，体侧、背部外侧、四肢以浅黄色为主。

分布：我国特有种，分布于云南。

定名人：1. 饶定齐　中国科学院昆明动物研究所
　　　　2. 王继山　国家林草局昆明勘察设计院
　　　　3. 辉　洪　中国科学院昆明动物研究所
　　　　4. 欧阳德才

兰坪龙蜥　新种
Diploderma lanpingense sp. nov.

正模标本： 2012R05001，雄性成体，云南省怒江傈僳族自治州兰坪白族普米族自治县中排乡，2012年5月12日采。

副模标本： 2012R05002（雄），2012R05003（雄性亚成体），2012R05004-5（雌性成体），云南省怒江傈僳族自治州兰坪白族普米族自治县中排乡，2012年5月12日采。

鉴别特征： 体略侧扁，头顶中央下凹，鼓膜显露，喉褶显著；颈鬣呈锯齿状不发达，背鳞大小不一，腹鳞大小一致并大于背鳞，具强棱；后肢贴体前伸时，最长趾端部达鼓膜，尾长。唇、下巴至咽为乳白色；两侧鬣鳞外侧有黄色或黄绿色条纹；上臂至指棕色或黑色，大腿上侧深棕色，膝以下、趾背面为深棕色，均不显绿色。雄性喉囊不显著，喉部全白色，胸腹部黄色，向后略偏白，四肢腹面白色；尾棕色有深色条纹，侧面光滑。生活于海拔2400m的农田、灌木、次生林区域。

分布：我国特有种，分布于云南。

定名人：1. 饶定齐　中国科学院昆明动物研究所
　　　　2. 辉　洪　中国科学院昆明动物研究所
　　　　3. 欧阳德才

470

察瓦洛龙蜥 新种
Diploderma chawaluoense sp. nov.

正模标本：2017R09001，雄性，西藏与云南交界的怒江河谷，2017年9月17日，欧阳德才采集。

副模标本：Cy201307001-2，雄性，西藏与云南交界的怒江河谷，2013年7月，欧阳德才和欧阳磊采集；2017R09002（雄性成体），2017R09003-4（雄性、亚成体），2017R09005（雌性成体），2017R09006（幼体），西藏与云南交界的怒江河谷，2017年9月17日，欧阳德才采集。

鉴别特征：与丽纹攀蜥相近，但体形较小，颈部正中脊鳞较弱。颈侧褶、喉褶存在。头腹面灰白色，具有深色纹，喉囊浅蓝色。吻鳞宽而低，鼻鳞椭圆形、鼻孔位于中部，吻棱明显、与睫脊相连，鼻鳞与吻鳞之间相隔一枚小鳞、与第一上唇鳞之间相隔两枚小鳞。躯干背面鳞片大小不等且起棱，腹面鳞片均起棱，排列有序、且大小一致。雄性体背侧具有浅黄绿色宽纵纹，背脊中央棕色并具有深色横纹，喉部蓝色。

分布：西藏和云南交界的怒江干暖河谷。

定名人：1.饶定齐　中国科学院昆明动物研究所
2.郭克疾　国家林草局中南调查规划设计院
3.齐　银　中国科学院成都生物研究所
4.欧阳德才

贡山拟树蜥 新种
Pseudocalotes gongshannensis sp. nov.

正模标本：JBS16070，云南省怒江傈僳族自治州贡山独龙族怒族自治县茨开镇，饶定齐和Slowinskii采集，2000年7月9日。

副模标本：JBS16071-2; JBS16073-4，云南省怒江傈僳族自治州贡山独龙族怒族自治县茨开镇，饶定齐和Slowinskii采集，2000年7月9日。

鉴别特征：体背鳞片大小不一，体侧杂以起棱的较大鳞片。体背黄绿色为主，有5条深色横带纹，体侧杂以黑色斑点。

分布：云南。

定名人：1.饶定齐　中国科学院昆明动物研究所
2.辉　洪　中国科学院昆明动物研究所

独龙江拟树蜥　新种

Pseudocalotes dulongjiangensis sp. nov.

正模标本： 2015R09001，云南省怒江傈僳族自治州贡山独龙族怒族自治县独龙江乡，饶定齐、辉洪等采集。

副模标本： 2015R09002，云南省怒江傈僳族自治州贡山独龙族怒族自治县独龙江乡，饶定齐、辉洪等采集。

鉴别特征： 与巴坡树蜥相似，但体形较小、细长，体背侧具有黑色与绿色相间的不规则斑纹。

分布：云南，仅见于独龙江低海拔湿热地区。

定名人：1. 饶定齐　中国科学院昆明动物研究所
　　　　2. 辉　洪　中国科学院昆明动物研究所

河口裸趾虎　新种

Cyrtodactylus zhaoi sp. nov.

正模标本： R20120016，云南省红河哈尼族彝族自治州河口瑶族自治县南溪镇，海拔100 m，2012年11月17日，饶定齐采集。

副模标本： 2012R0601，2012R0602，2012R0603，云南省红河哈尼族彝族自治州河口瑶族自治县南溪镇，2012年7月和10月，赵俊军和饶定齐分别采集。

鉴别特征： 全长18～19 cm，体圆柱形，略扁；头宽大于头高，尾长大于头体长；头部背面散布着黑色斑块，上唇鳞8～9枚，下唇鳞9～10枚，腹部鳞片17～19行，背部鳞片光滑，稍有棱；腹外侧皱褶轻微发达并有大疣粒，腹鳞31～36枚，环体一周鳞105～115枚，体腹面纵列鳞132～145枚，股前有8～9枚扩大鳞片，雄性肛前孔6～8个，股鳞不扩大，无股孔，尾下鳞稍扩大，尾部疣粒平滑。四肢较长；头和体背面灰白色，头背有灰白色斑点和黑色斑块，体背部有规则或不规则分布的横纹，第一横纹在背中线处不分开，其余横纹之间在背中线处分开，第一横纹到尾部之间的背中线上分布着4～5枚灰黑色斑块；尾部背面有8～9个白色和黑色相间的斑纹；腹外侧正中具有一条由褶皱形成的直纵线；指、趾细长，末端稍侧扁，具爪。主要栖息在石灰岩分布的岩洞或石上。

分布：我国特有种，分布于云南。

定名人：1. 饶定齐　中国科学院昆明动物研究所
　　　　2. 赵俊军　自由撰稿人
　　　　3. 袁思棋　中国科学院昆明动物研究所
　　　　4. 莫明忠　红河州林草局

蔡氏裸趾虎　新种
Cyrtodactylus caii sp. nov.

正模标本：2011R0010，雄性，2011年7月，云南省西双版纳傣族自治州勐腊县勐仑镇、中国科学院西双版纳热带植物园绿石林，饶定齐采集。

副模标本：KIZ201101、KIZ201102、KIZ201103，云南省西双版纳傣族自治州勐腊县勐仑镇，2010年9月和2011年7月，其中KIZ201102为幼体，饶定齐、辉洪等采集。

鉴别特征：体形中等，略扁；头背部有网状斑纹，上唇鳞7～8枚，下唇鳞9～10枚，腹部鳞片17～19行；四肢较长，指、趾细长，末端稍侧扁，具爪；尾细长，圆柱形。背部鳞片光滑，稍有棱；腹外侧皱褶轻微发达并有大疣粒，腹鳞31～35枚，环体一周鳞85～98枚，体腹面纵列鳞151～163枚，雄性肛前孔6～8个，股鳞不扩大，无股孔，尾下鳞稍扩大，尾部疣粒平滑。体背面灰褐色，带有深紫褐色斑点和网状斑纹；自头部至尾部以及四肢背面的疣鳞呈浅褐色到黄色；尾部背面有5～7个灰褐色和黑色相间的斑纹。生活于海拔730～810 m石灰岩地带的石头和树木上。学名为纪念著名植物学家、中国科学院西双版纳热带植物园奠基人蔡希陶教授。

分布：云南。

定名人：1. 饶定齐　中国科学院昆明动物研究所
　　　　2. 袁思棋　中国科学院昆明动物研究所

小黑江裸趾虎　新种
Cyrtodactylus xiaoheijiangensis sp. nov.

正模标本：2018R11001，云南省红河哈尼族彝族自治州绿春县，2018年11月26日，欧阳磊、饶定齐、辉洪采集。

副模标本：仅照片。

鉴别特征：体圆柱形，稍侧扁，尾细长。头背黑褐色，由黄色线纹与黑色斑块组成的网格状斑纹；体背面黑褐色，带有黄色斑点连接而成的黄色线纹、横纹或网状斑纹。生活于海拔约400 m的石灰岩地带的石头和树木上。

分布：云南。

定名人：1. 饶定齐　中国科学院昆明动物研究所
　　　　2. 何江海　黄连山国家级自然保护区
　　　　3. 辉　洪　中国科学院昆明动物研究所

麻栗坡壁虎 新种
Gekko malipoensis sp. nov.

正模标本：2012R08001，云南省文山壮族苗族自治州麻栗坡县勐硐乡，2012年8月，饶定齐采集。

副模标本：2012R08002，云南省文山壮族苗族自治州麻栗坡县勐硐乡，2012年8月，饶定齐采集。

鉴别特征：体形较大，体较扁平，吻端钝圆，颈短；前后四肢贴体时指、趾相交；尾扁圆形，尾基膨大；尾易断，借以逃避敌害。体背正中有菱形浅黄色斑纹。生活于房屋墙壁及岩石穴周围。主要捕食昆虫。

分布：云南。

定名人：1. 饶定齐　中国科学院昆明动物研究所
　　　　2. 辉　洪　中国科学院昆明动物研究所

河口壁虎 新种
Gekko hekouensis sp. nov.

正模标本：2012R11001，雄性成体，云南省红河哈尼族彝族自治州河口瑶族自治县南溪镇，2012年11月17日，饶定齐等采集。

副模标本：2012R06001，雄性成体，云南省红河哈尼族彝族自治州河口瑶族自治县南溪镇，2012年6月，赵俊军等采集。

鉴别特征：体形较大，体较扁平，尾长大于头体长。吻端钝圆；前后四肢贴体时指、趾相交；尾扁圆形，尾末端尖细。体背正中有明显较宽和长的黄色纵纹。生活于房屋墙壁及岩石穴周围。主要捕食昆虫。

分布：云南。

定名人：1. 饶定齐　中国科学院昆明动物研究所
　　　　2. 辉　洪　中国科学院昆明动物研究所
　　　　3. 赵俊军　自由撰稿人

绿春壁虎　新种
Gekko lvchunensis sp. nov.

正模标本： 2018R11002，云南省红河哈尼族彝族自治州绿春县，2018年11月26日，欧阳磊、饶定齐、辉洪采集。
鉴别特征： 体扁宽，尾长大于体长；头大而扁，头顶平，吻端圆形；颈短；四肢前后贴体时相交；指、趾间具基蹼；尾扁，末端尖细，会卷曲。整个身体的背面被细小鳞片，腹面有扁平疣和疣。体背及四肢背面为黄褐色，密布着黑褐色斑点，并具有浅黄色横斑；面黄色，有褐色云斑；尾背为黄褐色，有黑色斑块。生活于600 m的山区地带，常见于房屋墙壁上，夜晚捕食昆虫。本种分类地位和系统关系尚待进一步研究，暂归于壁虎属。

分布：云南。
定名人：1. 饶定齐　中国科学院昆明动物研究所
　　　　2. 辉　洪　中国科学院昆明动物研究所
　　　　3. 何江海　黄连山国家级自然保护区

盈江银环蛇　新种
Bungarus yingjiangensis sp. nov.

正模标本： 2018R09001，云南省德宏傣族景颇族自治州盈江县，辉洪等采集。
鉴别特征： 体形大的前沟牙毒蛇，身体呈圆柱形，体长约1.5 m；头椭圆而略扁，与颈部可区分，吻端钝圆形，没有颊窝；尾末端尖细。体背黑色或黑褐色，全身从颈部到尾部具有黑白相间的横纹，但白色横纹明显较细。生活于海拔1300 m以下的平原、丘陵或山地。白天隐匿于洞穴或石缝中，黄昏后到水塘、稻田、溪流旁、近水的草丛以及住宅附近觅食，捕食鱼、蛙、蛇、蜥蜴及小型啮齿类动物。蛇毒为强烈的神经毒，如救治不及时会因呼吸肌麻痹而窒息死亡。

分布：云南。
定名人：1. 饶定齐　中国科学院昆明动物研究所
　　　　2. 辉　洪　中国科学院昆明动物研究所

墨脱斜鳞蛇　新种
Pseudoxenodon motuoens sp. nov.

正模标本：2019R01001 西藏自治区林芝市墨脱县，2019年1月18日，辉洪采集。
鉴别特征：体形中等的无毒蛇；头灰褐色，散有黑褐点；颈背具有粗大的箭形斑，体背和尾背无浅色横纹。生活于林木繁盛的山区水域附近。

分布：西藏。
定名人：1. 饶定齐　中国科学院昆明动物研究所
　　　　　2. 辉　洪　中国科学院昆明动物研究所
　　　　　3. 郭克疾　国家林草局中南调查规划设计院

476

主要参考资料

【01】IUCN. The IUCN Red List of Threatened Species. Version 2018-2. <http://www.iucnredlist.org>. 2019.

【02】Uetz, P., Freed, P. & Jirí Hošek (eds.). The Reptile Database, http://www.reptile-database.org, accessed from July to November, 2019.

【03】蔡波, 李家堂, 陈跃英, 王跃招. 通过红色名录评估探讨中国爬行动物受威胁现状及原因[J]. 生物多样性,2016,24(5): 578-587.

【04】蔡波, 王跃招, 陈跃英, 李家堂. 中国爬行纲动物分类厘定[J]. 生物多样性, 2015, 23(3): 365-382.

【05】季维智, 朱建国, 杨大同, 杨君兴等. 中国云南野生动物[M]. 北京: 中国林业出版社,1999.

【06】蒋志刚, 江建平, 王跃招等. 中国脊椎动物红色名录[J]. 生物多样性, 2016, 24(5): 500-551.

【07】杨大同, 饶定齐. 云南两栖爬行动物[M]. 云南: 云南科技出版社, 2008.

【08】张孟闻, 宗愉, 马积藩. 中国动物志, 爬行纲, 第1卷, 总论, 龟鳖目, 鳄形目[M]. 北京: 科学出版社, 1998.

【09】赵尔宓. 中国蛇类（上册、下册）[M]. 合肥: 安徽科学技术出版社, 2006.

【10】赵尔宓, 黄美华, 宗愉等. 中国动物志, 爬行纲, 第3卷, 有鳞目, 蛇亚目[M]. 北京: 科学出版社, 1998.

【11】赵尔宓, 赵肯堂, 周开亚. 中国动物志, 爬行纲, 第2卷, 有鳞目, 蜥蜴亚目[M]. 北京: 科学出版社, 1999.

【12】周婷, 李丕鹏. 中国龟鳖分类原色图鉴[M]. 北京: 中国农业出版社, 2012.

学名索引

照片摄影者索引

后 记

　　本卷共收录介绍了分布在我国西藏、云南、四川、重庆、贵州、广西六省（直辖市、自治区）的具有典型特征或代表性的爬行动物230种，以及它们的原生态照片。每个物种依次列出了其分类信息，如所属目、科、种的中文名和拉丁名；物种介绍包括保护等级，濒危等级，体形或大小，主要识别特征，重要生物学或生态习性，地理分布介绍包括国内分布和国外分布。

　　本卷主要参考蔡波等（2015）发表的《中国爬行纲动物分类厘定》、德国汉堡动物博物馆Peter Uetz和Jakob Hallermann维护的《爬行动物数据库》（The Reptile Database）以及近年来发表的其他科学文献为依据确定分类系统。在本书编写的文献调研过程中，我们统计得到中国爬行动物已记录3目30科138属505种，其中的2目24科108属350种在西南地区有分布，依次分别占全国的67%、80%、78%和69%。西南各地已知的爬行动物种类分别是云南省215种、广西壮族自治区176种、四川省103种、贵州省102种、西藏自治区79种、重庆市41种。在我国爬行动物的主要类群中，除鳄鱼目以外，其他在此区域都有分布，包括分布于广西的古老而特殊的鳄蜥。由此可见此区域爬行动物物种的丰富性和重要性。

　　本卷分别收录并介绍了龟鳖目21种，有鳞目210种，其中蜥蜴亚目81种、蛇亚目128种。其中有13种蜥蜴和2种蛇为本书发表的新种，分别是河口裸趾虎、蔡氏裸趾虎、小黑江裸趾虎、绿春壁虎、河口壁虎、麻栗坡壁虎、察瓦洛攀蜥、霞若攀蜥、维西攀蜥、兰坪攀蜥、木里攀蜥、独龙江拟树蜥、贡山拟树蜥、盈江银环蛇和墨脱斜鳞蛇。其中，墨脱斜鳞蛇发现于西藏，察瓦洛攀蜥发现于西藏和云南，木里攀蜥发现于四川和云南，其余12种均发现于云南。另外，本卷新增巴坡树蜥属和细鳞树蜥属2个蜥蜴类新属。本卷专门对这些新属和新种以补遗的方式分别做了简述；书后还附有主要参考文献、学名索引、图片摄影者索引。

然而，本卷所展示的仅仅是西南地区丰富的爬行动物多样性的部分特色和概貌，供读者大致了解，以激发调查、研究的兴趣。但我们目前对爬行动物的认识还很有限，要全面、系统地认识、了解并保护好爬行动物，还有大量的调查和研究工作亟待进行。

本卷物种标注的国内外保护或濒危等级的依据和具体含义如下：

1. 物种中国保护等级依据国务院1988年批准，林业部和农业部1989年发布施行的《国家重点保护野生动物名录》及其2003年修订内容，并结合近年来物种研究进展进行了物种名称的修订。

2. 物种濒危等级，本书分别列出了物种全球评估等级和中国评估等级，全球评估等级引自世界自然保护联盟（IUCN）发布的"受威胁物种红色名录"（Red list of threatened species）

（2017）；中国评估等级引自蒋志刚等2016年发表的"中国脊椎动物红色名录"。不同等级的具体含义为：

灭绝（EX）：如果一个物种的最后一只个体已经死亡，则该物种"灭绝"。

野外灭绝（EW）：如果一个物种的所有个体仅生活在人工养殖状态下，则该物种"野外灭绝"。

地区灭绝（RE）：如果一个物种在某个区域内的最后一只个体已经死亡，则该物种已经"地区灭绝"。

极危（CR）、濒危（EN）和易危（VU）：这3个等级统称为受威胁等级（Threatened categories）。从极危（CR）、濒危（EN）到易危（VU），物种灭绝的风险依次降低。

近危（NT）：当一物种未达到极危、濒危或易危标准，但在未来一段时间内，接近符合或可能符合受威胁等级，则该物种为"近危"。

无危（LC）：当某一物种评估为未达到极危、濒危、易危或近危标准，则该物种为"无危"。广泛分布和个体数量多的物种都属于该等级。

数据缺乏（DD）：当缺乏足够的信息对某一物种的灭绝风险进行评估时，则该物种属于"数据缺乏"。

3. 物种在濒危野生动植物种国际贸易公约附录的情况，引自中华人民共和国濒危物种进出口管理办公室、中华人民共和国濒危物种科学委员会2016年编印的《濒危野生动植物种国际贸易公约附录I、附录II和附录III》，不同附录的具体含义为：

附录I：为受到和可能受到贸易影响而有灭绝危险的物种，禁止国际性交易；

附录II：为目前虽未濒临灭绝，但如对其贸易不严加管理，就可能变成有灭绝危险的物种；

附录III：为成员国认为属其管辖范围内，应该进行管理以防止或限制开发利用，而需要其他成员国合作控制的物种。

本卷的编写完成，得益于一个多世纪以来，先后在我国特别是西南地区开展爬行动物相关研究的科学家们，他们研究成果的积累是本书的基础，本书"主要参考资料"列出了部分但显然不是全部的参考或引用的专著或论文。衷心感谢慷慨向本卷提供摄影作品的作者们！他们中有的是专业研究人员，有的是从自然爱好者或摄影爱好者中成长的自然博物学家；本卷中的许多照片是他们在极端地形或天气下长期或长时间跟踪野生动物，或登高攀缘，或爬冰卧雪，或风里、雨里、水里摸爬滚打，历经艰险才抓拍到的精彩瞬间。感谢本套丛图书总主编朱建国先生采纳了我将广西纳入编写范围的建议！感谢杨大同先生对本卷工作的鼓

489

励和鞭策！感谢季维智院士的支持并作序！还要感谢北京出版集团的刘可先生、杨晓瑞女士、王斐女士和曹昌硕先生等对本书从创意到编辑出版等付出的辛勤劳动。感谢国家自然科学基金委员会和其他有关部门多年来给予的立项支持！

鉴于作者水平有限，书中错误难免，诚请读者批评、指正。

2019年9月于昆明